VULKANE

VULKANE

Fotos
DORIAN WEISEL

Text
CARL JOHNSON

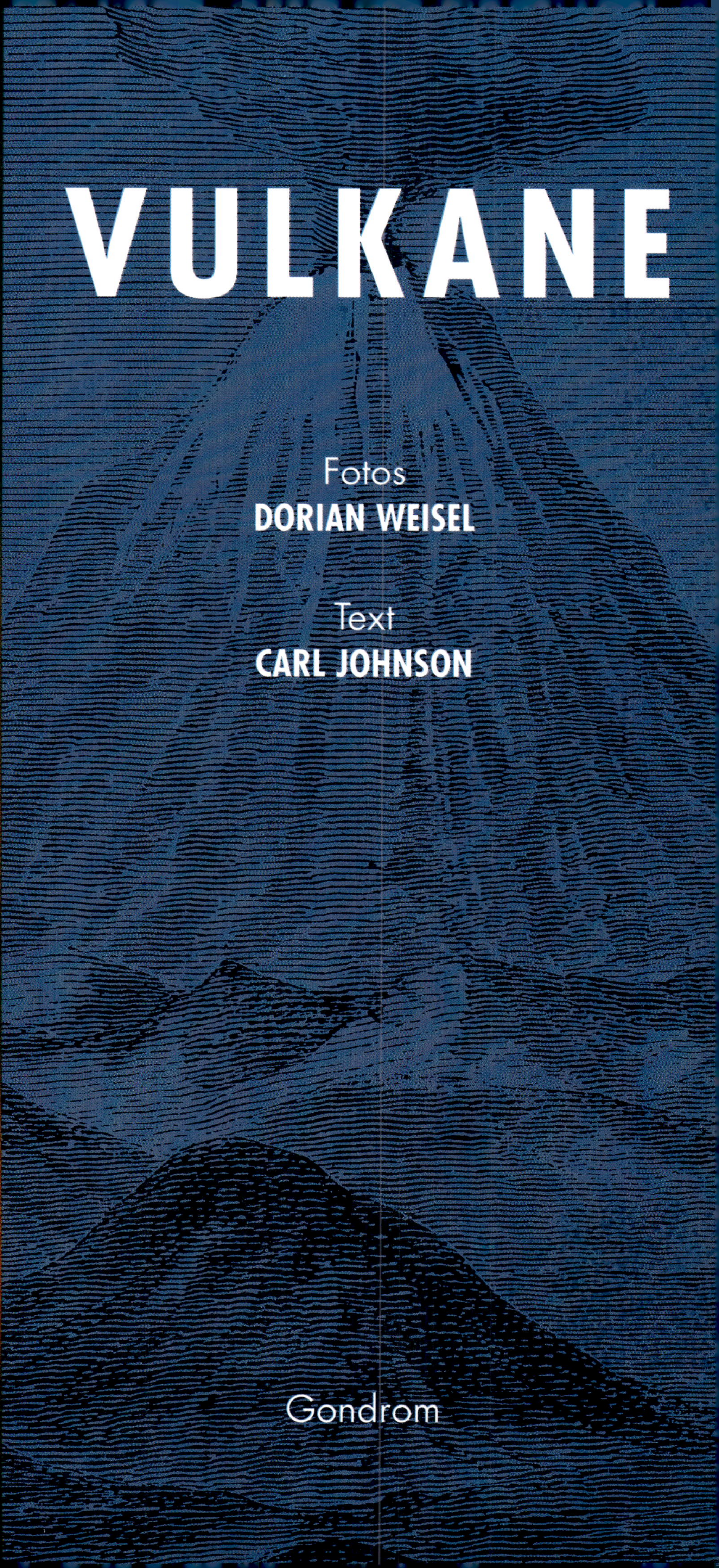

Gondrom

Die englischsprachige Originalausgabe
erschien erstmals unter dem Titel
»Fire on the Mountains«
by Chronicle Books, San Fransisco, California
Übersetzung aus dem Amerikanischen:
Margot Wilhelmi

ISBN 3-8112-1564-7

**Für meine Helden
Sam und Max**

**mit besonderem Dank
an Maurice und
Katia Krafft**

Vorwort

Die Begeisterung für Vulkane bestimmt mein Leben. Geboren in Kalifornien, entdeckte ich in meiner Jugend die Naturwunder des Nordwestens der USA im Spiegel der Jahreszeiten. Ein Frühlingstag: Die Nebel lichten sich und geben den Blick frei auf eine zerklüftete, von Mammutbäumen gesäumte Küste. Sommer in den Bergen: unglaublich blauer Himmel, soweit das Auge reicht. Herbst: Die Berge erheben sich majestätisch über einen grünen, mit Gelb-, Rot- und Brauntönen durchwobenen Teppich. Winter: Eine Schneedecke hüllt die Landschaft ein. Doch all diesen Zauber der Natur konnte ich nicht mit Vulkanismus in Verbindung bringen. Dann zog ich nach Hawaii, auf die „Große Insel", ein kleines Juwel mitten im größten Ozean der Erde. Nackte, schwarze Lavaströme an einem Ort, wo ich nur wogende Palmen und weißen Sand erwartet hatte, zeigten mir, daß hier etwas anders war. Kein majestätisch ruhender Berg, der für alle Zeit am Horizont aufragt, sondern ein lebendiger, atmender Vulkan! Ein Ort des Wandels! Hier ist das Land in Bewegung. Hier prägen die Vorgänge, die die Erde gestalten, den Alltag. Hier speit die Erde Feuer.

Dorian Weisel: Vulkan auf Hawaii

Danksagung

Wir möchten allen danken, die mit viel Zeit, Mühe und persönlichem Einsatz zum Gelingen dieses Buches beigetragen haben. Wir danken Marian Berger, Martin Bishop, Steve Brantley, David Clague, Phil und Arden Coturri, Robert Decker, John Dvorak, Jerome Garcia, Kim Grosso, Joe Halbig, Christina Heliker, Ken Hon, Nancy Johnson, Jim Kauahikaua, Harry Kim, Bob Koyanagi, Bill Lacy III., Stephen Lang, J. R. Lewis, Jack Lockwood, Margaret Mangan, Tari Mattox, Dennis McNally, Asta Miklius, Tina Neal, Reggie Okamura, David Okita, Daisuke Shimozuru, Charlotte Stone, Jane Takahashi, George Ulrich, Tom Wright und der Belegschaft des „Hawaiian Volcano Observatory" und des „Hawaii Volcanoes National Park".

Inhalt

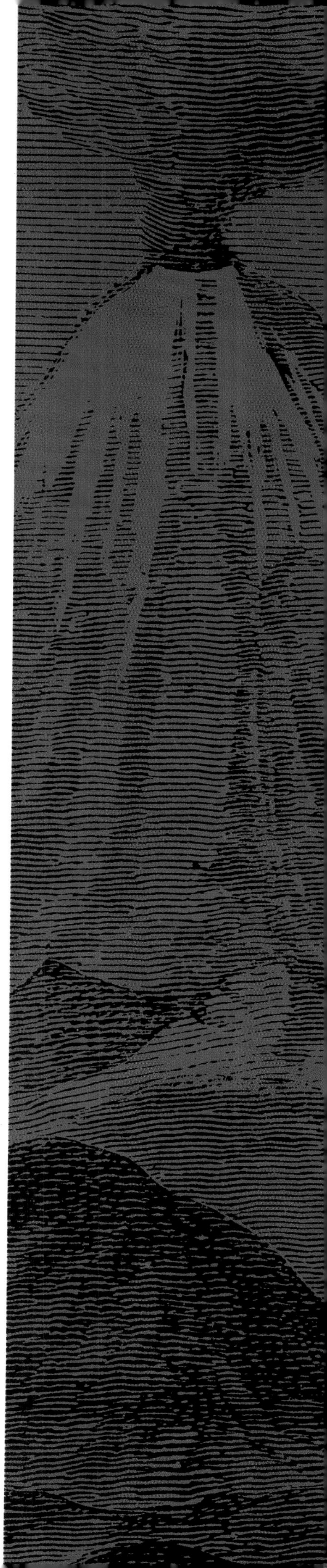

Einführung

Wie Motten vom Licht werden manche von uns aus den fernsten Regionen der Erde immer wieder von Vulkanen angezogen, und staunend betrachten wir, wie diese Berge Fontänen flüssigen Gesteins in den Himmel schleudern. Vulkane sind Fenster zum Herzen des Planeten Erde. Sie gewähren kleine Einblicke in die schöpferischen Prozesse, die vor Milliarden Jahren ihren Anfang nahmen, als die Galaxie mit all ihren Sternen entstand – aus der Explosion eines Punktes im Universum, nicht größer als der Punkt am Ende dieses Satzes. Vulkanismus ist der Ursprung unserer Welt – des Landes, der Ozeane, der Atmosphäre und möglicherweise auch des ersten Lebens.

Unsere Erde ist ein langsam erkaltender Planet. Seine innere Glut dringt an die Oberfläche und strahlt ins All ab. Mit zunehmender Abkühlung läßt auch die vulkanische Aktivität nach. Eines fernen Tages wird die Erde so kalt und ruhig sein wie der aufgrund seiner geringeren Größe viel schneller erkaltete Mond. Um Vulkane zu verstehen, müssen wir wissen, an welcher Stelle im Abkühlungsprozeß sich die Erde befindet. Wir müssen Geburt und Entwicklung unseres Planeten erforschen.

Jeder Vulkan hat seine eigene Geschichte, und doch gleichen sich in vieler Hinsicht alle. Jeder Vulkan ist im Laufe seiner Entstehungsgeschichte immer wieder ausgebrochen, und während ein Vulkan erlischt und von Eis und Regen abgetragen wird, entsteht ein neuer und nimmt seinen Platz ein. Um Vulkane verstehen zu können, müssen wir zuerst etwas über ihre Entstehung wissen. Modellhaft können wir uns die in der Tiefe verborgenen Kammern vorstellen und die Vorgänge der Landbildung erforschen. Wir können Schicht um Schicht des Gesteins untersuchen, das einst flüssig aus der Erde quoll, und wir können spektakuläre Dampfexplosionen beobachten sowie Lavaströme, die sich ins Meer ergießen.

Die Weltbevölkerung wächst, und immer mehr vulkanische Gebiete werden besiedelt. Bauern bearbeiten die fruchtbare Vulkanerde. Städte entstehen, und Straßen werden gebaut, wo vor nicht allzu langer Zeit noch Lava floß. Das hat natürlich manchmal schreckliche Konsequenzen, und viele Menschen haben mit ihrem Leben dafür bezahlt. Doch auch wenn uns die todbringende Macht von Vulkanen viel mehr bewußt ist, es gibt auch die andere Seite: Der Vulkanismus der Erde hat dazu beigetragen, daß auf unserem Planeten Leben möglich ist. Land, fruchtbaren Boden und nicht zuletzt die Ozeane verdanken wir vulkanischen Prozessen.

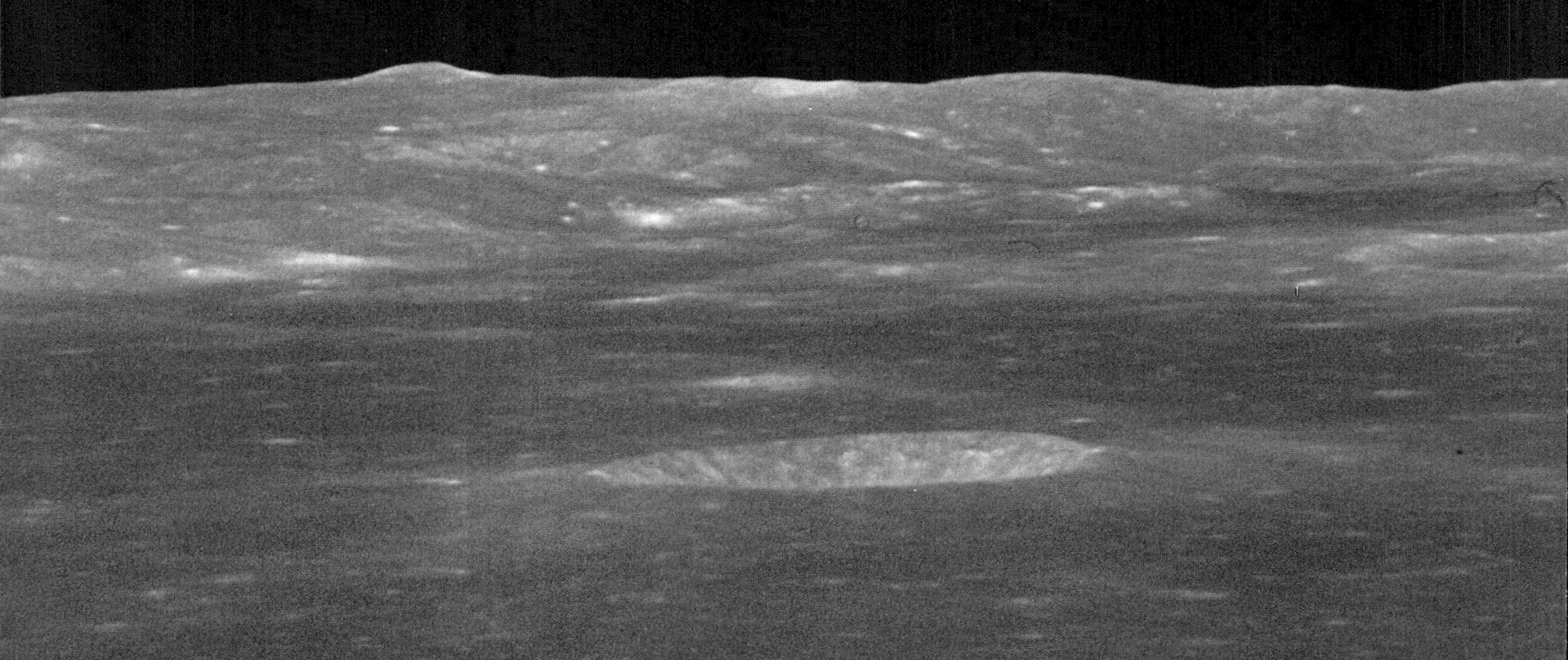

Kapitel 1

Geburt eines Planeten

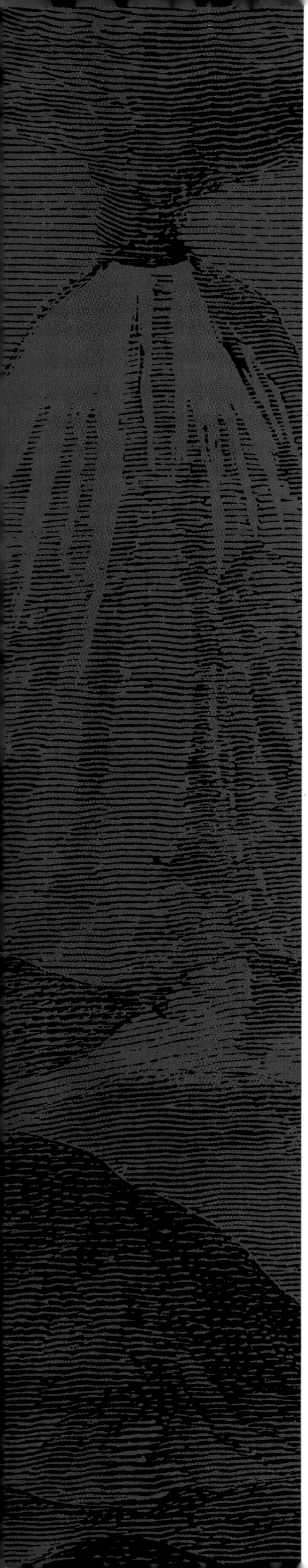

DOPPELSEITE 12/13
Die Raumforschung hat zu einem tieferen Verständnis der Vorgänge beigetragen, die die Erde geformt haben. Die Landung der Apollo-Raumfähre auf dem Mond brachte einen Erkenntnisschub hinsichtlich unserer Zukunft und unserer Ursprünge. Als das Sonnensystem entstand, kühlten sich kleinere Himmelskörper wie der Mond am schnellsten ab. Der Vulkanismus auf dem Mond ist schon seit so langer Zeit erloschen, daß alle seine Spuren längst durch Meteoritenkrater zerstört sind. Die weißen Wolken und blauen Meere der Erde beruhen nicht zuletzt auf dem noch immer anhaltenden Vulkanismus. (NASA)

Kapitel 1

Geburt eines Planeten

Wo heute Sonne, Mond und Erde kreisen, befand sich vor Urzeiten eine gewaltige, sich immer weiter ausdehnende Wolke extrem heißen Gases. Solche sogenannten Nebel entstehen, wenn ältere Sterne explodieren und die Materie, aus der sie bestehen, weit ins All hineingeschleudert wird.

Der Sternennebel verdichtete sich, kühlte ab und wurde zu einer sich langsam drehenden Scheibe. Die Sonne und die Planeten entstanden. Zuerst lagerten sich die Stoffe mit der höchsten Schmelztemperatur zusammen, ähnlich wie Hagelkörner, bei denen sich Eis Schicht auf Schicht ablagert, bis die Körner so schwer sind, daß sie aus der Wolke fallen. In Meteoriten findet man noch Reste dieser ältesten Gesteine. Als sich die Teilchen zusammenballten, entstanden die Planeten. Aus dem Kern freigesetzte Gase gaben ihnen ihre Uratmosphäre. Es war unruhig im jungen Sonnensystem: Meteore hagelten auf die Planeten nieder. Die Hitze des Aufpralls verwandelte die Einschlagsorte in Meere flüssigen Gesteins. Auch heute noch rasen Meteore als Sternschnuppen durchs All, doch bei weitem nicht mehr so viele wie damals, und nur selten trifft einer die Erde.

Ein Großteil der Materie des Nebels konzentrierte sich im Mittelpunkt der Drehscheibe zum riesigen Sonnenball. Dieser war anfangs dunkel und von einer dicken Gas- und Staubschicht umhüllt. Als er wuchs, nahmen Druck und Temperatur zu. Schließlich wurden die Atome und Elemente im Inneren der Sonne so fest zusammengedrückt, daß Wasserstoffkerne zu Helium verschmolzen und dabei gewaltige Energiemengen freigesetzt wurden. Das passiert für einen kurzen Augenblick auch bei der Explosion einer Wasserstoffbombe; bei der Sonne und anderen Sternen aber dauert der Vorgang Milliarden von Jahren. Der gewaltige Knall der Sonnenzündung fegte einen Großteil der verbleibenden Nebelmaterie aus dem Sonnensystem und erleuchtete das All. Gleichzeitig wurde den inneren Planeten – Merkur, Venus, Erde und Mars – ihre Uratmosphäre entzogen. Die heutigen Atmosphären dieser Planeten beruhen auf Gasen aus dem Planeteninneren, die durch vulkanische Aktivität an die Oberfläche gelangten.

Als das Meteorenbombardement abschwächte, blieb die Erde von einem pulsierenden Meer flüssigen Gesteins bedeckt. Gewaltige innere Strömungen wühlten das Feuermeer auf. Es dauerte Jahrmillionen, bis sich die erste dünne Kruste festen Gesteins gebildet hatte. Als die Erde erkaltete, kam es zur Trennung der Flüssigkeiten, ähnlich wie Öl und Wasser sich trennen, wenn man sie nach dem Schütteln in Ruhe läßt. Flüssiges Eisen und andere Metalle vermischten sich kaum mit anderen Gesteinen und bildeten als besonders schwere Stoffe den Erdkern. Im Zentrum der Erde liegt ein durch gewaltige Drucke zusammengepreßter fester Eisenkern von 2 400 km Durchmesser. Er ist eingebettet in flüssigem Eisen. Leichteres Gesteinsmaterial bildet den Mantel, der den Kern umhüllt. Das leichteste Material stieg an die Oberfläche und bildete die ursprüngliche Kruste. Heute findet man dieses Urgestein allerdings nur noch an wenigen Stellen der Erdoberfläche.

UNTEN
Vulkane auf Io, einem der Monde des Jupiter. Aufgrund seiner geringen Größe und seiner nur schwachen Schwerkraftwirkung wird das Eruptionsmaterial weit ins All hinausgeschleudert. Io ist sehr klein und müßte daher schon längst erkaltet sein, doch ständige, durch die Gezeitenwirkung des Jupiter verursachte Verwerfungen seiner Kruste sorgen für Hitze. (JPL)

Nach Abstrahlung der bei der Planetenbildung frei gewordenen Hitze ins All verhärtete die dünne Gesteinskruste zu kilometerdicken Gesteinsplatten, und die größeren dieser Platten prallten aufeinander, rieben aneinander, erhoben Berge und gestalteten Kontinente. Mehrmals öffnete sich der Atlantik, schloß sich wieder, und jedesmal entstanden dabei hohe Bergketten. Die Appalachen im Osten der USA sind die abgetragenen Reste des letzten solchen Ereignisses, das sich vor 200 Millionen Jahren ereignete. Auch heute noch reiben die Platten der Erdkruste aneinander. Davon zeugen Erdbebenspalten wie die San-Andreas-Spalte in Kalifornien. Am Boden der Weltmeere entstand eine 60 000 km lange Bergkette: Dort weichen die Platten auseinander, und flüssiges Gestein aus dem Erdinneren dringt nach oben. Entlang der Westküste Amerikas, wo eine Erdplatte sich unter die andere schiebt, findet man Ketten von Vulkanen. Ein neuer Vulkan entsteht, wo flüssiges Gestein durch Spalten und Löcher in den Platten seinen Weg nach oben findet. Die wissenschaftliche Theorie, die diese Vorgänge deutet, ist die „Plattentektonik".

Unser Planet kühlt allmählich ab. Zwar ist dadurch die Zahl der aktiven Vulkane gesunken, dennoch hat der Vulkanismus noch immer einen großen Einfluß auf physikalische, chemische und biologische Vorgänge auf der Erde. Vulkanische Gase bildeten die kohlendioxidreiche Atmosphäre, die die später auftretenden Pflanzen mit Sauerstoff anreicherten. Dampf aus eruptierenden Vulkanen bildete Wolken, aus denen Regen fiel und die Weltmeere füllte. Vulkanischen Ursprungs sind weite Teile des Festlandes, fruchtbarer Boden, verwittert aus Vulkangestein. Vulkane und vulkanische Produkte sind Grundlage des Lebens auf unserem blauen Planeten.

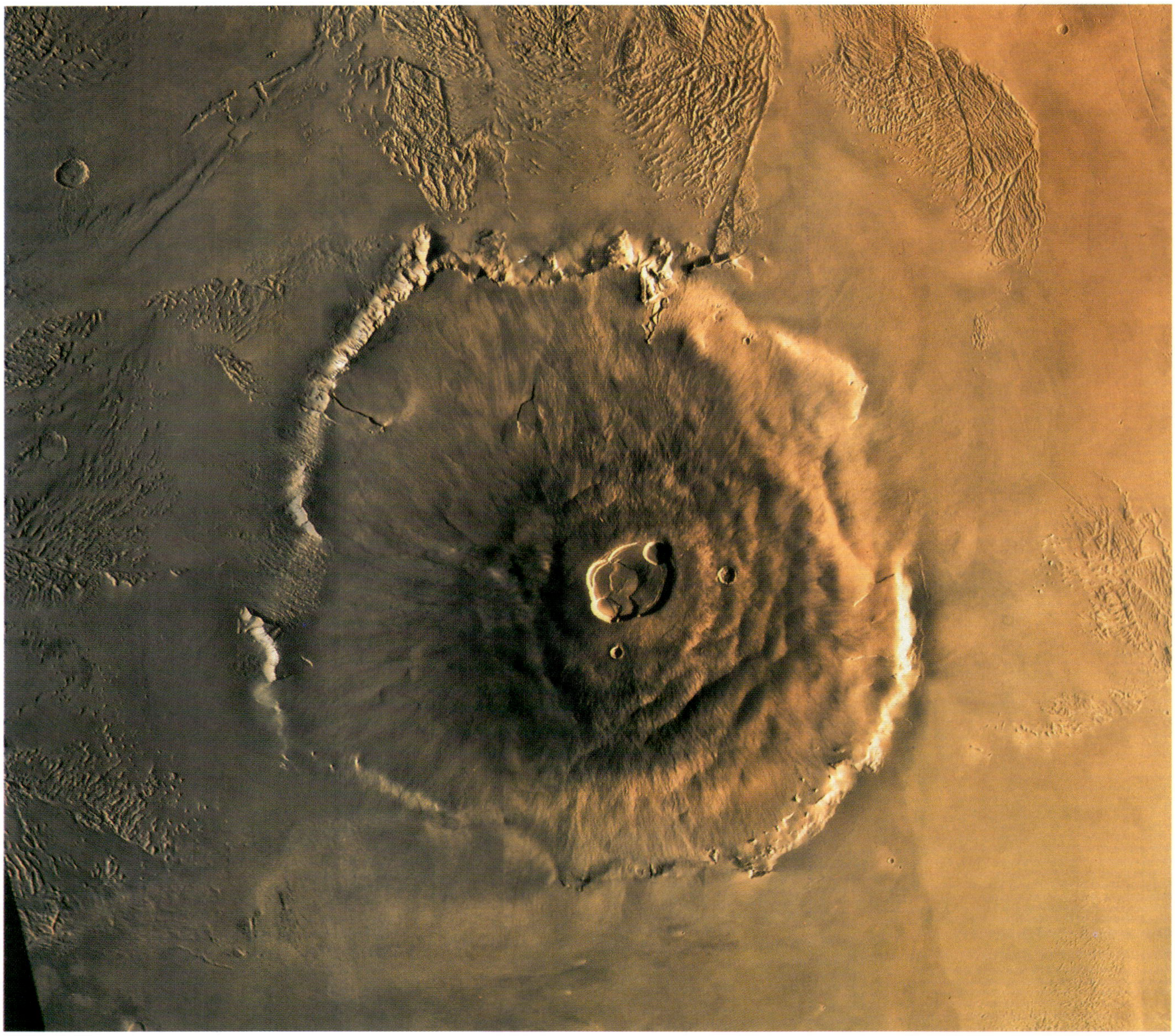

OBEN
Olympus Mons, ein großer Schildvulkan auf dem Mars, gleicht – abgesehen von der Größe – in vielen Aspekten den Schildvulkanen auf der Erde. Er ist mit einem Durchmesser von 600 km (entspricht Luftlinie Hamburg–München) der größte Vulkan unseres Sonnensystems. Daß soviel Lava an einer einzigen Stelle auf dem Mars ausbrechen konnte, legt die Vermutung nahe, daß der Mars, anders als die Erde, keine tektonischen Platten besitzt. (JPL)

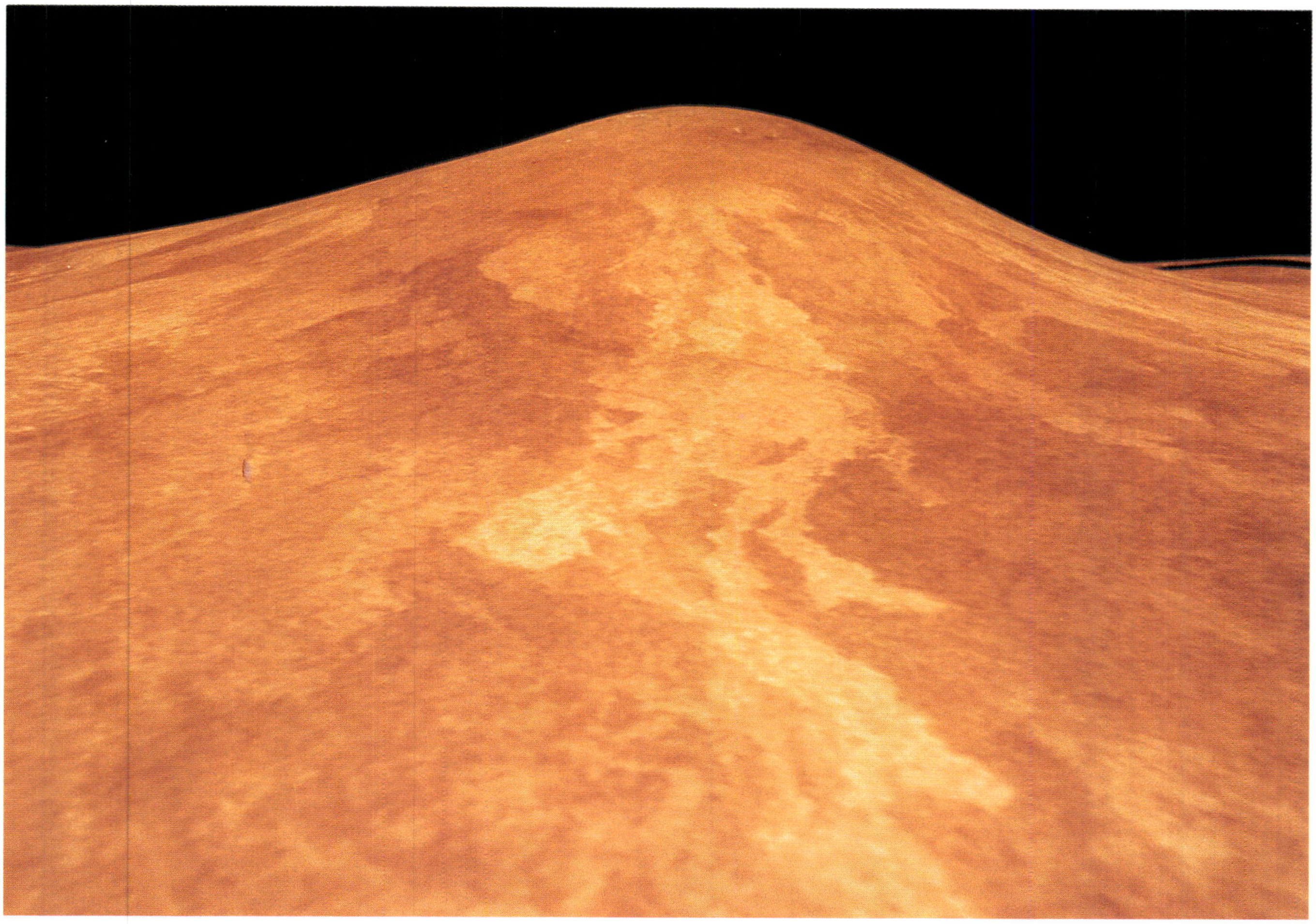

OBEN
Sif Monte ist charakteristisch für die vielen Schildvulkane der Venus. Wenngleich hier völlig andere Temperatur- und Druckverhältnisse herrschen als auf der Erde, findet man Schildvulkane doch auf beiden Planeten. Die vulkanische Aktivität auf der Venus ist so hoch, daß man auf diesem Planeten kaum Meteoritenkrater findet. (JPL)

LINKS
Die Atmosphäre der Erde geht letztlich zurück auf Gase, die durch Vulkane aus dem Innern der jungen Erde freigesetzt wurden. Auch heute noch wirken sich Vulkane auf das Klima aus. Sie senken die Oberflächentemperaturen deutlich, und nach jeder größeren Eruption ändern sich die globalen Wettermuster auf Jahre hinaus.
AUSBRUCH DES COTOPAXI (1862), GEMÄLDE VON FREDRIC ERWIN CHURCH (DETROIT INSTITUTE OF ARTS)

RECHTS
Als sich die Erde abkühlte, trennte sich das flüssige Gestein in einzelne Elemente und Elementgruppen auf und bildete, je nach Dichte, die unterschiedlichen Schichten der Erde. Flüssiges Eisen und Nickel sammelten sich im Erdinnern und bildeten den Kern, unterschiedliches Gesteinsmaterial formte den Mantel oder die dünne Erdkruste. Die Fortdauer dieses Erkaltungsprozesses ist praktisch für alle vulkanischen Aktivitäten der Erde verantwortlich. Im Herzen der Erde liegt eine metallische Kugel, etwas kleiner als der Mond. Durch die dort herrschenden gewaltigen Druckverhältnisse ist der Erdkern nicht flüssig, sondern fest.
MODELLZEICHNUNG: MARIAN BERGER

UNTEN
Beim Ausbruch des philippinischen Vulkans Pinatubo am 15. Juni 1991 gelangten Staub und vulkanische Gase in große Höhen der Atmosphäre und bildeten einen die ganze Erde umhüllenden fliegenden Teppich. Auf dem 4 000 Meter hohen Gipfel des Mauna Kea auf Hawaii konnte man diesen Effekt beobachten. Von hier aus hat man einen recht guten Einblick in die obere Erdatmosphäre. Der Sonnenuntergang hinter dem 2 500 Meter hohen Hualalai (ebenfalls auf Hawaii) wirkt pastellartig matt – durch die vulkanischen Gase und Ascheteilchen, die die Erde mehrfach umrundet haben. Große Vulkanausbrüche können das Wetter auf der ganzen Erde nachhaltig beeinflussen und damit unser Leben verändern.

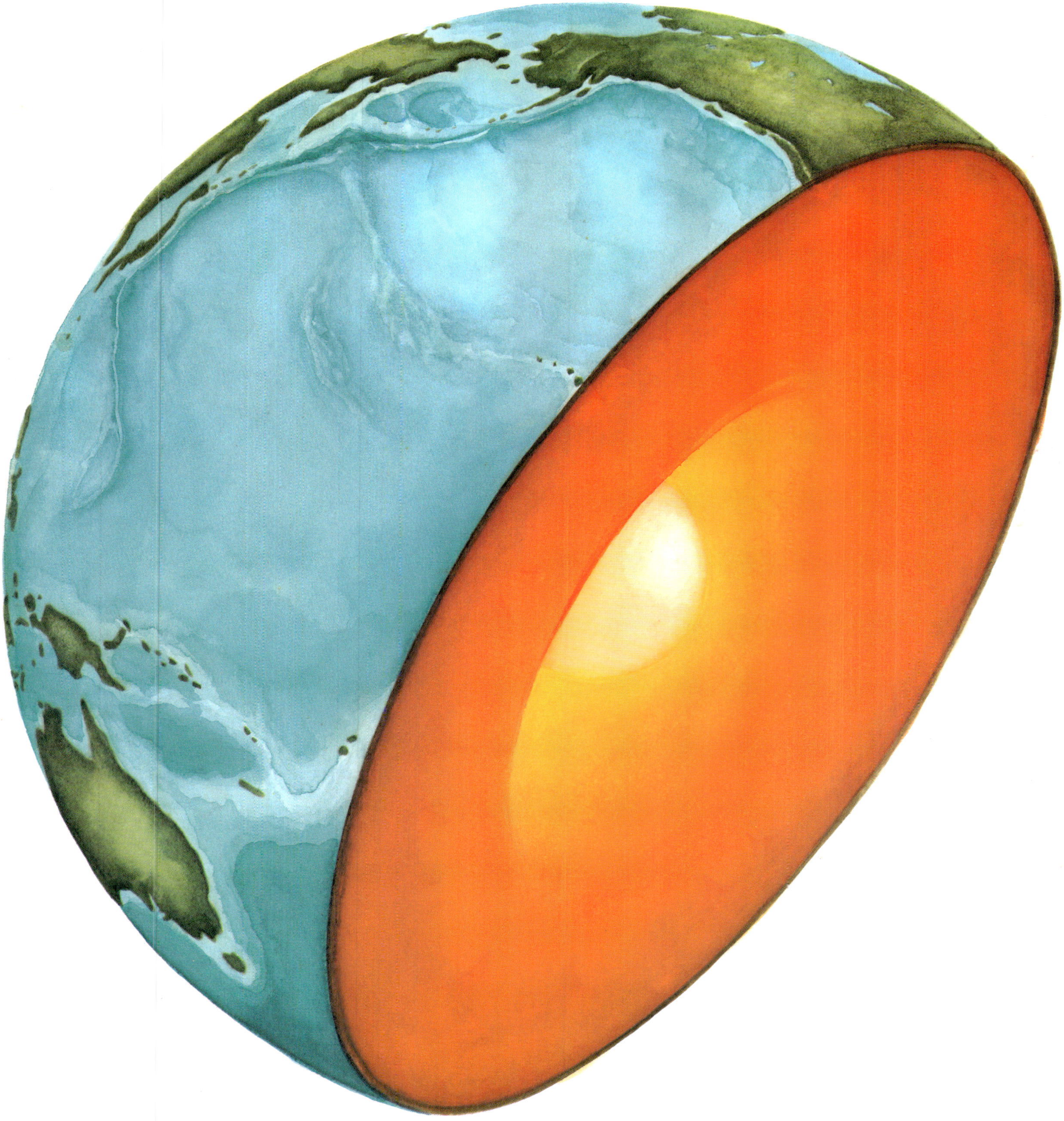

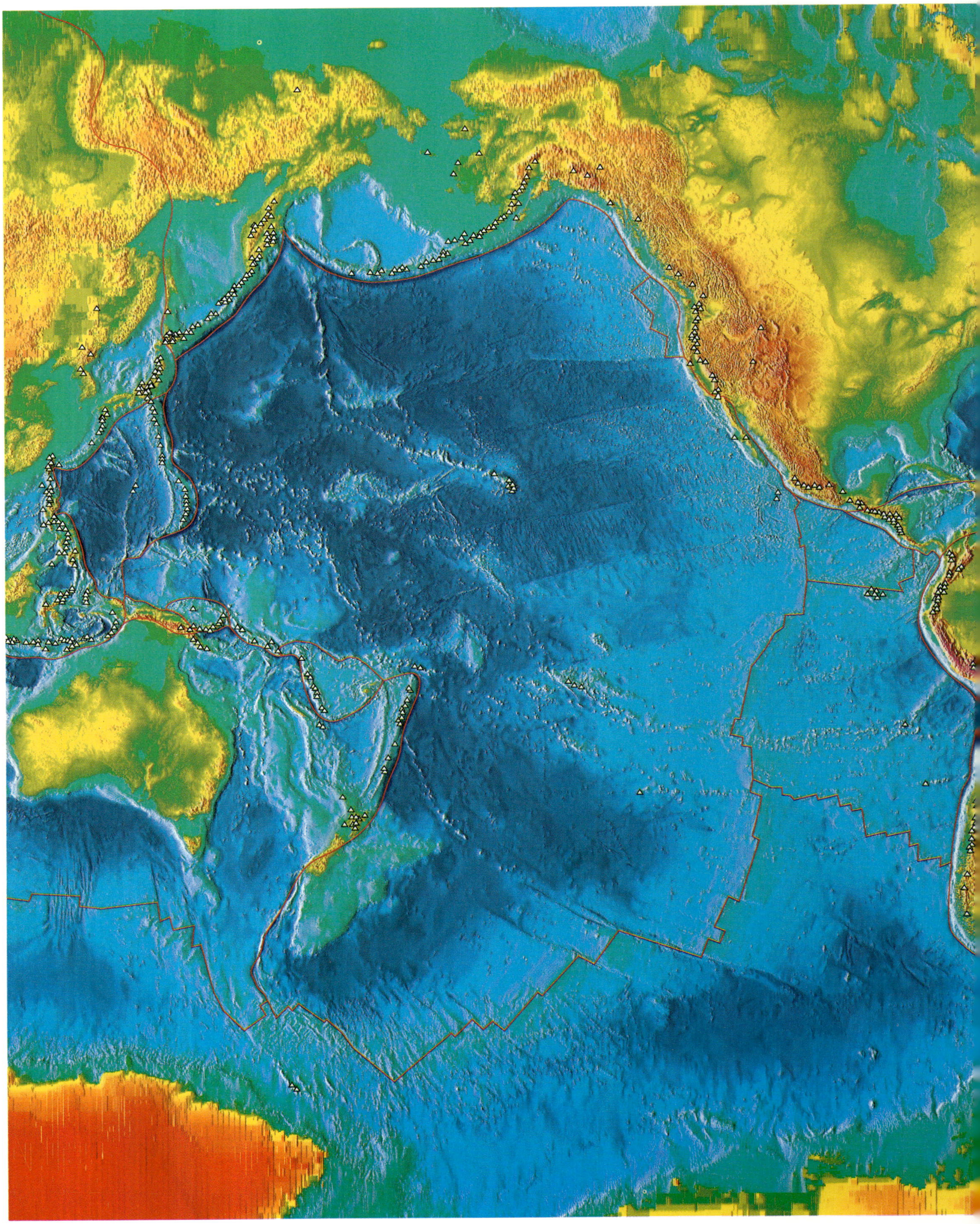

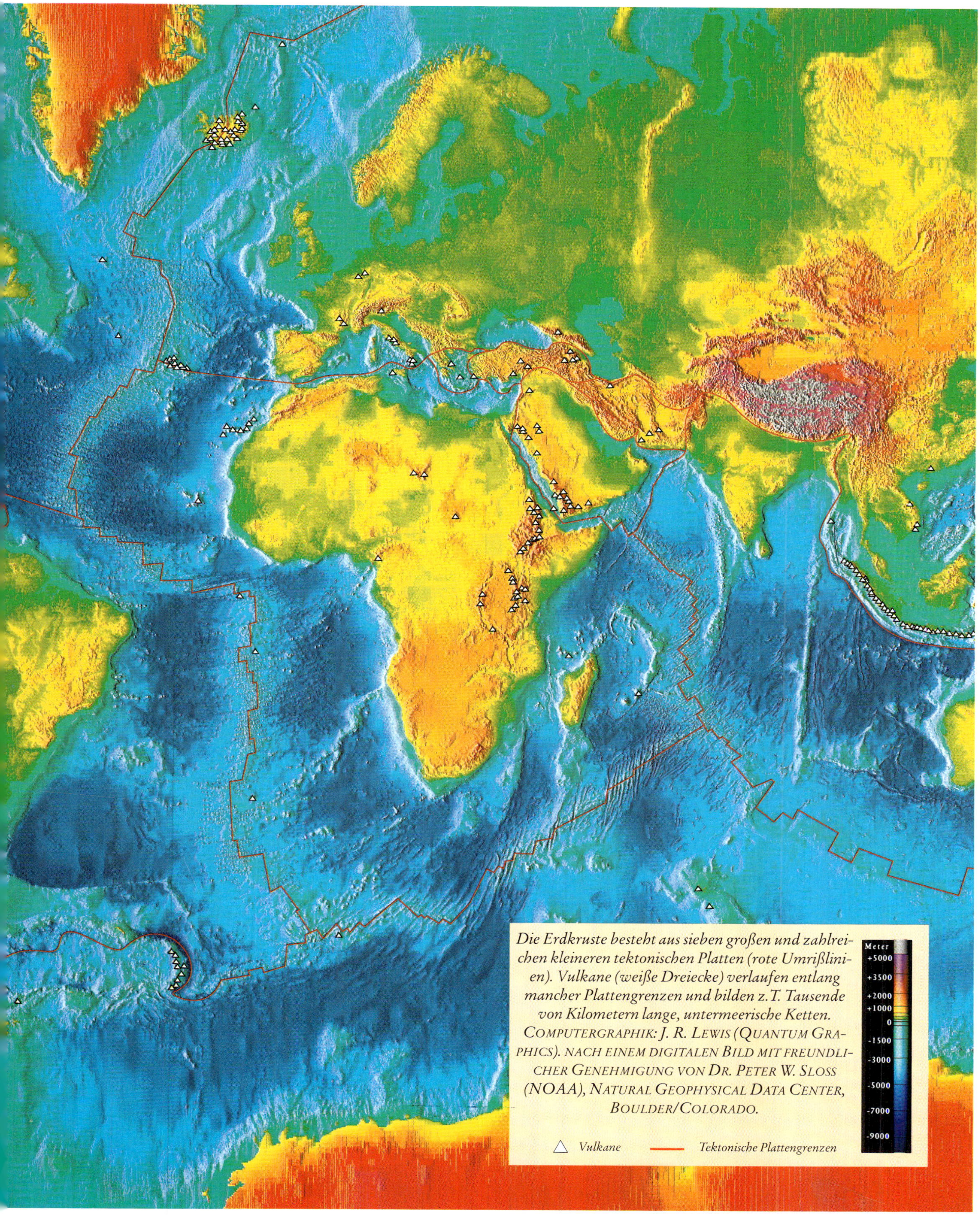

Die Erdkruste besteht aus sieben großen und zahlreichen kleineren tektonischen Platten (rote Umrißlinien). Vulkane (weiße Dreiecke) verlaufen entlang mancher Plattengrenzen und bilden z. T. Tausende von Kilometern lange, untermeerische Ketten. COMPUTERGRAPHIK: J. R. LEWIS (QUANTUM GRAPHICS). NACH EINEM DIGITALEN BILD MIT FREUNDLICHER GENEHMIGUNG VON DR. PETER W. SLOSS (NOAA), NATURAL GEOPHYSICAL DATA CENTER, BOULDER/COLORADO.

Kapitel 2

Ursachen des Vulkanismus

DOPPELSEITE 24/25
Der Vulkan Mauna Loa auf Hawaii im Licht der untergehenden Sonne: Das flache Profil eines Schildvulkans resultiert aus der Eruption sehr flüssiger Lava. Doch der Schein kann trügen. Der Mauna Loa ragt vom Meeresboden aus 10 km in die Höhe und gehört damit zu den höchsten Bergen der Erde.

Kapitel 2

Ursachen des Vulkanismus

Vulkane gibt es nicht nur auf der Erde. Man findet sie häufig auch auf den inneren Planeten, und sie haben nicht unwesentlich bei deren Gestaltung mitgewirkt. Kleinere Himmelskörper wie der Erdmond erkalteten so schnell, daß der Vulkanismus schon versiegte, als noch unzählige Meteore durchs All schwirrten. Daher haben Meteoreinschläge das Bild der Mondoberfläche geprägt, und die Spuren einstiger Vulkantätigkeit verwischt. Die größeren Planeten dagegen kühlten langsamer ab, und der Vulkanismus dauerte über die Zeit häufiger Meteoreinschläge hinaus an. Auf dem Mars gibt es seit etwa 200 Millionen Jahren keine tätigen Vulkane mehr. Die Venus ist noch heute von starker Vulkantätigkeit geprägt. Auf der Erde, dem größten und vulkanisch aktivsten der inneren Planeten, ist über die Hälfte des Oberflächengesteins jünger als 200 Millionen Jahre, und größere Meteorkrater findet man hier kaum.

Auf dem Mars und der Venus scheinen die Vulkane gleichmäßig verteilt zu liegen, auf der Erde dagegen treten sie in hunderten oder tausenden von kilometerlangen mehr oder weniger linearen Ketten auf. Das liegt daran, daß auf unserem Planeten die Plattengrenzen der Erdkruste die Lage von Vulkanen bestimmen, während dies auf dem Mars oder der Venus nicht der Fall ist.

Zur Zeit gibt es etwa 500 aktive Vulkane auf der Erde. Einige von ihnen brechen häufig, aber sanft aus, andere dagegen im Abstand von Jahrtausenden, aber dann mit der Gewalt einer Atombombe. Aus einigen strömt Lava, andere schleudern Asche, Schlacke und Gesteinsbrocken in die Luft. Trotz all dieser Unterschiede lassen sich die Vulkane der Erde in zwei große Gruppen einteilen. Schildvulkane bilden lange Ketten von Inseln und unterseeischen Bergen über Tausende von Kilometern entlang des Meeresbodens. Sie gleichen den Vulkanen anderer Planeten. Bei einem typischen Schildvulkan ist die äußerste Gesteinshaut des Berges relativ dünn und gibt

LINKS
Schildvulkane wie diejenigen, die die Hawaii-Inselkette bilden, gleichen den Vulkanen auf anderen Planeten. Aus dem Weltall betrachtet, erscheinen die Schildvulkane der Erde sanfter. Oft sind sie in einen grünen Mantel tropischen Dschungels gehüllt. (NASA)

schon kleinerem Druck des darunter brodelnden flüssigen Gesteins nach. Dieses flüssige Gestein im Erdinneren nennt man Magma. Durch den Krater an der Spitze oder durch aufbrechende Spalten an den Seiten des Vulkans dringt es nach oben und ergießt sich in langsamfließenden Lavaströmen über die Hänge des Feuerberges. Im Laufe der Jahrtausende kommt so Lavahaut auf Lavahaut und bildet eine dicke Haube, den „Schild".

Dieses Magma (sobald es austritt, spricht man von Lava, im erkalteten Zustand von Basalt) stammt aus einer mehrere hundert Kilometer dicken Schicht im oberen Erdmantel, die man Asthenosphäre nennt. Strömungen in dieser Schicht verursachen mit einer Geschwindigkeit, die geringer ist als die Wachstumsgeschwindigkeit eines menschlichen Haares, die Plattenbewegungen. Es mag seltsam erscheinen, daß Gestein fest und doch verformbar sein kann. Unter dem Einfluß von Hitze und Druck in der Tiefe aber wird das Gestein plastisch verformbar (duktil) und verhält sich wie eine zähe Flüssigkeit.

In der Asthenosphäre gibt es Auf- und Abströmungen, ähnlich wie in einem Topf mit siedendem Wasser. Aufwärtsströmungen sind an sogenannten „hot Spots" konzentriert. Durch starke Temperaturerhöhung wird hier ein kleiner Teil des Mantelmaterials aufgeschmolzen, und es entsteht ursprünglich eine Mischung von kristallinem und flüssigem Gestein. Durch gewaltige Drucke wird das Magma aus dieser Mischung gepreßt und bildet große Herde, die leichter sind als das sie umgebende

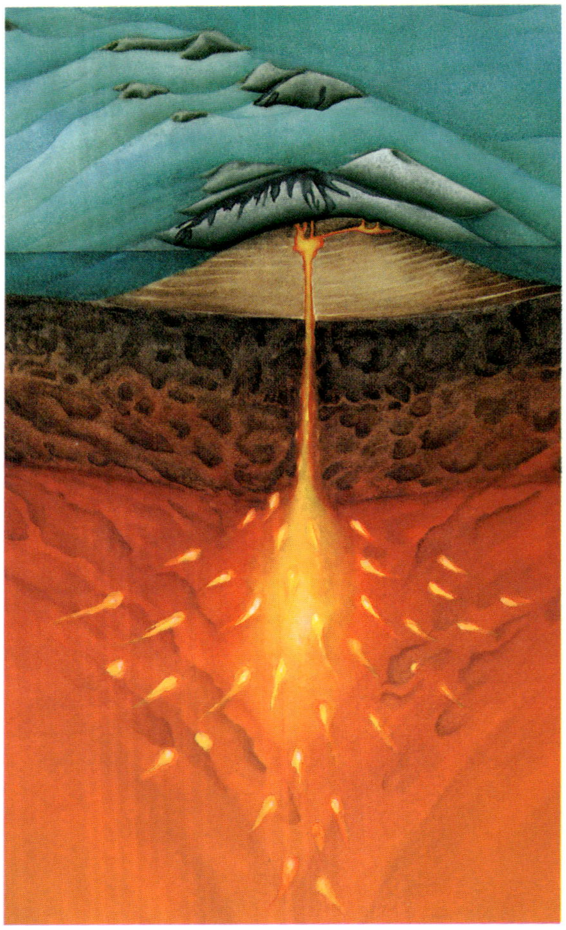

OBEN
„Hot-Spot"-Vulkane wie die der Hawaii-Inseln setzen die Abkühlung der Erde fort. Das Magma für diese Vulkane stammt aus der obersten Mantelschicht, wo Gestein anschmilzt, das von Mantelströmungen aufwärts getragen wird. Da das Magma leichter ist als das umgebende Gestein, drängt es weiter nach oben. Wo sich eine tektonische Platte über solche „heiße Stellen" im Mantel bewegt, entstehen Vulkanketten.
MARIAN BERGER

Gestein. Wenn sie schließlich einen gewissen Umfang erreicht haben, drängen diese Schmelzmassen als kaulquappenförmige Diapire nach oben. Dabei schieben sie die duktilen Gesteine einfach beiseite.

Schließlich stoßen die Schmelzmassen auf das weniger verformbare Gestein der 60–100 km dicken Lithosphäre. Diese besteht aus zwölf großen und einigen kleineren tektonischen Platten. Das spröde Gestein können die Diapire nicht wegschieben. Daher dringt das Magma in eine Reihe vertikaler Spalten ein. Diese öffnen und schließen sich, während das Magma von einer Spalte in die nächste, aber immer weiter aufwärts wandert. So gelangt es bis wenige Kilometer unterhalb der Erdoberfläche.

Hier trifft das Magma nun auf Gestein, das leichter ist als es selbst, und der langsame Aufstieg kommt zum Stillstand. Wenige Kilometer unterhalb der Erdoberfläche bilden sich so riesige Magmakammern. Diese füllen sich durch nachfließendes Magma immer weiter, bis sie so prall sind, daß sich der Druck in einem Vulkanausbruch entlädt. Die austretende Lava ist flüssig, und die darin enthaltenen Gase entweichen leicht. Daher sind Schildvulkaneruptionen in der Regel weniger explosiv als die anderer Vulkane.

Einen anderen Haupttyp von Vulkanen findet man dort, wo tektonische Platten aufeinandertreffen. Eine der Platten (immer eine ozeanische) wird unter die andere geschoben, und wassergesättigte Sedimente auf dem Meeresboden werden ebenso wie Teile der Platte selbst eingeschmolzen und bilden ein sehr zähes Magma (andesitisches Magma). Über dieser Subduktionszone bilden sich Schichtvulkane. In Ketten ziehen sich Schichtvulkane u.a. entlang des sogenannten „Pazifischen Feuerrings", eines Gürtels aktiver Vulkane an den Plattenrändern der Pazifischen Platte. Bei der stationären Platte kann es sich um Meeresboden handeln, wie es bei den Aleuten oder Japan der Fall ist, oder um Festland, wie bei der nordwestamerikanischen Cascade Range oder den südamerikanischen Anden. Schichtvulkane sind wesentlich gefährlicher als Schildvulkane. Mit Namen wie Krakatau, Vesuv, Mount St. Helens und Pinatubo und ihren Ausbrüchen verbindet man Bilder des Schreckens. Schichtvulkane sind eine Besonderheit des Planeten Erde. Dies zeigt, daß auf anderen Planeten die Plattentektonik keine Rolle spielt.

Oft kommt es vor dem Ausbruch eines solchen Vulkans zu Warnzeichen. Das zähe Magma steigt auf, und die Erde bebt, weil das Gestein erschüttert wird, damit es weicht. Näher an der Oberfläche sammelt sich Wasser in Kesseln der Erdkruste, und weiße Dampfwolken steigen Tage vor einer Eruption aus sich erweiternden Spalten auf. Sanfte Dampfexplosionen lassen kleine Gesteinspartikel auf die oberen Hänge des Feuerbergs herabregnen. Manchmal quillt aus dem Gipfel eine pastenartig dicke Lavakuppe – ein deutliches Zeichen, daß ein Ausbruch bevorsteht. Zu Beginn einer Eruption werden Asche und Stücke alter Lava in einer gigantischen, immer wieder von Blitzen durchzuckten Gas- und Dampfsäule kilometerhoch in die Atmosphäre geschleudert. So in die obere Atmosphäre gebrachter Staub und Schwefeldioxid können das Wettergeschehen weltweit über Jahre hinaus beeinflussen.

Ihre wechselnden Schichten von Asche und Lava gaben den Schichtvulkanen (Stratovulkanen) ihren Namen. Sie sind viel kurzlebiger als Schildvulkane. Ihre Lebensdauer beträgt etwa 50 000 Jahre. Sie sind aus viel weicherem Material aufgebaut und erodieren daher schneller. In der Zeit, in der ein Schildvulkan wie der Mauna Loa auf Hawaii aktiv ist, entstehen und vergehen mehrere Generationen von Stratovulkanen. Sie brechen weniger häufig aus als Schildvulkane, doch ihre Ausbrüche sind oft viel dramatischer.

UNTEN
Eruptionen von Schildvulkanen beginnen oft mit einem Spaltenausbruch, der eine Feuergardine bildet, die über Tage brennt. Aus aller Welt kommen Menschen herbei, um dieses Schauspiel zu sehen.

OBEN
Eine von vielen spektakulären Eruptionserscheinungen eines Schildvulkans: Feurige Fontänen flüssigen Gesteins werden Hunderte von Metern hoch in den Himmel geschleudert.

UNTEN
Geschmolzene Gesteinsmassen brennen Schneisen in den Wald. Auch sie erkalten schließlich zu einer weiteren Schicht des Vulkanschildes.

OBEN
Von festem Gestein umschlossen, fließen Lavaflüsse unter der Oberflächenkruste eines Schildvulkans. Hier gibt ein Einbruchsfenster in der Tunneldecke den Blick auf die rotglühende Lava frei.

RECHTS
Schichtvulkane (Stratovulkane) wie der Mount St. Helens (unten links im Bild) stellen die zweite Hauptgruppe von irdischen Vulkanen dar. Aus dem All betrachtet, erscheinen sie oft viel zerklüfteter als Schildvulkane. Beim Ausbruch 1980 fegte eine gewaltige Gas- und Aschenexplosion die Bäume von den Berghängen. Die hellbraunen, strahlenförmigen Linien zeigen, wo heiße Schlammlawinen sich in die Täler ergossen, deren Gletschereis von der heißen Asche weggeschmolzen wurde. Rechts sieht man den Mount Adams (unten) und den Mount Rainier (oben). Sie liegen an der Achse der Cascade Range, einer parallel zur Pazifikküste verlaufenden Kette von Schichtvulkanen. (NASA)

RECHTS
Stratovulkane bilden Ketten, die parallel zu Küsten verlaufen, an denen eine tektonische Platte unter die andere geschoben wird. Sedimente des Meeresbodens und Teile der abtauchenden Platte schmelzen bei den nach unten zu rasch steigenden Temperaturen. Als Folge davon steigt das Magma auf und bricht in Vulkanen aus. Stratovulkane entstehen an Orten leichter Abwärtsströmungen im Erdmantel.
ZEICHNUNG: MARIAN BERGER

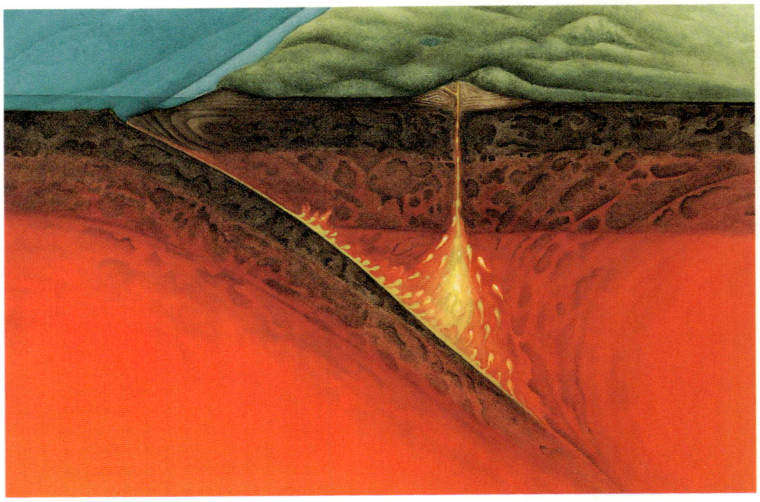

OBEN
Die meisten Stratovulkane sind schlafende Schönheiten. Sie können Jahrtausende ruhen, bis sie wieder explodieren und die umliegende idyllische Landschaft verwüsten. Stratovulkane ragen oft sehr hoch auf, doch sie sind wesentlich kleiner als Schildvulkane. Eine Gesamthöhe von 10 km wie der Mauna Loa erreichen sie niemals. FOTO: STEVE TERRILL

UNTEN
Ausbrüche von Stratovulkanen wie der des Augustine in Alaska am 31. März 1986 beginnen oft mit einem explosiven Ausstoß heißer Gase und Asche, die mit nahezu Überschallgeschwindigkeit bis weit in die Atmosphäre gelangen. Wenn die Asche dann zu Boden fällt, begräbt sie oft Tausende Hektar Land unter einer meterdicken feinen grauen Schicht. Kleinere Teilchen und vulkanische Gase umkreisen die Erde jahrelang und können das Wetter weltweit beeinflussen.
FOTO: BETSY YOUNT (USGS)

OBEN
Wenn die Gewalt der anfänglichen Eruption abklingt, stülpt sich eine Kuppel aus dicker, kühlerer Lava über die von der Explosion weggerissenen Ränder des Berges, so bei einem neueren Ausbruch des Redoubt in Alaska. Solch eine Quellkuppe ist instabil und zerbricht manchmal in Lawinen heißen Gases und heißer Asche, die die Abhänge hinabjagen und dabei alles zerstören, was ihnen im Wege steht.
FOTO: DAVID WIEPRECHT (USGS)

Kapitel 3

Vulkane und menschliche Schicksale

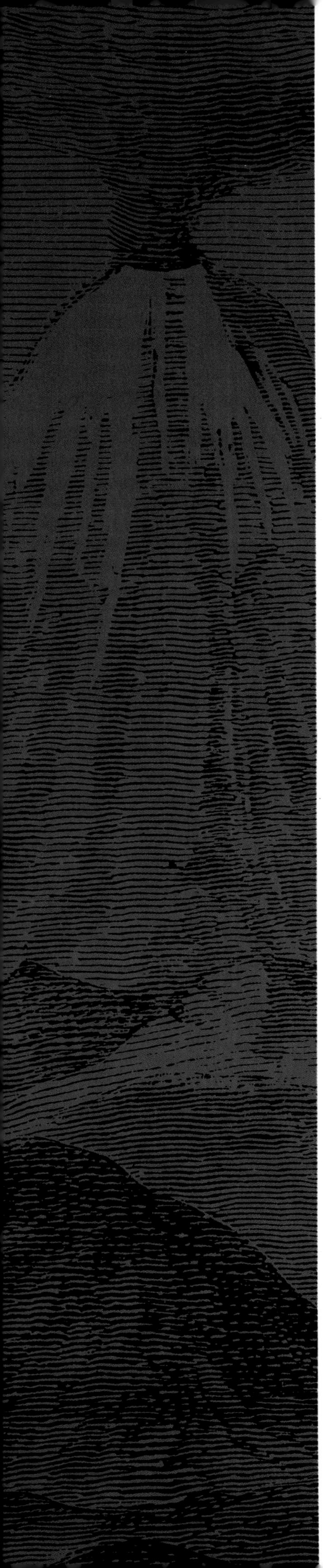

DOPPELSEITE 36/37
Lange bevor Europäer nach Amerika kamen, war den Indianern des Nordwestens die vulkanische Aktivität des Mount St. Helens bekannt. Da die Zeitspanne zwischen zwei Eruptionen sehr lang sein kann, geraten alte Weisheiten oft in Vergessenheit, bis der Vulkan von neuem erwacht und das Land verwüstet.
GEMÄLDE VON PAUL KANE (ROYAL ONTARIO MUSEUM, TORONTO)

Kapitel 3

Vulkane und menschliche Schicksale

Auf der „jungen Erde“ war die vulkanische Aktivität wesentlich stärker als heute. Als die Oberflächentemperatur unter den Siedepunkt von Wasser gesunken war, konnte in den mineralreichen Wasseransammlungen Leben entstehen und sich in der vom Vulkanismus der Erde erzeugten Brutwärme weiterentwickeln. Die ersten Menschen verwendeten für ihre Werkzeuge u.a. vulkanisches Glas, und durch Vulkane entdeckten manche Völker das Feuer. Doch der Vulkanismus brachte auch Gefahren mit sich, und verheerende Ausbrüche konnten ganze Kulturen vernichten.

Vor etwa 3 500 Jahren blühte im östlichen Mittelmeerraum die minoische Kultur. Eines ihrer geistigen Zentren war Akroteri auf Santorin. Die Stadt lag an den Hängen des Vulkans Thera. Durch eine Serie von Erdbeben gewarnt, konnten die Besucher rechtzeitig fliehen. Als aber der gewaltige Explosivausbruch zum Einbruch der Santorin-Caldera führte, kam es zu einer riesigen Flutwelle (Tsunami), die minoische Siedlungen auf anderen Mittelmeerinseln zerstörte. Die minoische Kultur erholte sich nie wieder. Damals mag der Mythos von Atlantis entstanden sein.

Fast 1 600 Jahre später, am 24. August 79 n. Chr. kam es wieder zu einer – wenn auch nicht so weitreichenden – Vulkankatastrophe im Mittelmeerraum. Nach jahrhundertelangem Schlaf erwachte der Vesuv am Golf von Neapel zum Leben. 16 Jahre lang war die Region von Erdbeben erschüttert worden, in denen zähes Magma immer weiter an die Oberfläche gelangte und zur Bedrohung für die Städte Pompeji, Herculaneum und Stabiae wurde. Trotz aller Vorwarnungen wurden die Menschen vom Ausbruch überrascht und Tausende unter gewaltigen Massen von Asche und Bims begraben. Eine plastische Beschreibung der Schrecken jener Tage ist in den Briefen des jungen Plinius (Neffe des römischen Naturgeschichtsschreibers Plinius d. Ä.) an einen Freund erhalten:

Er [mein Oheim] befand sich in Misenum und führte persönlich das Kommando über die Flotte. Am 24. August etwa um die siebente Stunde ließ meine Mutter ihm sagen, am Himmel stehe eine Wolke von ungewöhnlicher Größe und Gestalt, die am ehesten einer Pinie ähnelte. Denn sie stieg wie ein Riesenstamm in die Höhe und verzweigte sich dann in eine Reihe von Ästen ... Schon fiel Asche auf die Schiffe, immer heißer und dichter, je näher sie herankamen, bald auch Bimsstein und schwarze, halb verkohlte, vom Feuer geborstene Steine ... Inzwischen leuchteten vom Vesuv her an mehreren Stellen weite Flammenherde und hohe Feuersäulen auf, deren strahlende Helle durch die dunkle Nacht noch gehoben wurde ..., infolge häufiger, starker Erdstöße wankten die Häuser ... Die umliegenden Gebäude waren schon stark in Mitleidenschaft gezogen, und obwohl wir uns auf freiem, allerdings beengtem Raum befanden, empfanden wir starke und begründete Furcht, daß sie einstürzen könnten. Jetzt erst schien es uns ratsam, die Stadt [Pompeji] zu verlassen ... Außerdem sahen wir, wie das Meer sich in sich selbst zurückzog und durch die Erdstöße gleichsam zurückgedrängt wurde. Jeden-

UNTEN
Akroteri, eines der Hauptzentren der minoischen Kultur, wurde um 1500 v. Chr. durch einen Ausbruch des Vulkans Thera zerstört. Die Grundmauern blieben unter einer dicken Ascheschicht erhalten. Sie wurde vor der gewaltigen Explosion abgelagert, die die oberen Stockwerke in Staub verwandelte.
FOTO: ROBERT DECKER

falls war der Strand vorgerückt und hielt zahllose Seetiere auf dem trockenen Sande fest. Auf der anderen Seite eine schaurige schwarze Wolke, kreuz und quer von feurigen Schlangenlinien durchzuckt, die sich in lange Flammengarben spalteten, Blitzen ähnlich, nur größer.

Seither war der Vesuv immer wieder aktiv, und Zehntausende kamen bei zahlreichen kleineren Ausbrüchen ums Leben. Dennoch reichen heute die Vororte Neapels weiter denn je die Hänge des trügerischen, schlafenden Riesen hinauf.

Einer der tödlichsten Vulkanausbrüche war der des Mont Pelée auf der französischen Antilleninsel Martinique. Am 8. Mai 1902 platzte in den frühen Morgenstunden die ganze Länge seiner Flanke auf. Eine Glutwolke raste auf die Hauptstadt Saint-Pierre zu, und nur zwei der etwa 30 000 Einwohner überlebten. Auch hier hatte es zuvor Warnzeichen gegeben. Vier Monate vor der Katastrophe hatte man an den Hängen des Vulkans austretende Schwefeldämpfe festgestellt. Zwei Monate später gab es Erdbeben, die immerhin so stark waren, daß Geschirr zerbrochen wurde. Ein seit vielen Jahren ausgetrockneter See in Gipfelnähe füllte sich mit kochendem Wasser. In der letzten Woche vor dem Ausbruch hing eine große schwarze, von Blitzen durchzuckte Wolke über der Stadt. Eine wahres Heer von Giftschlangen, die sich vom unruhigen Berg geflüchtet hatten, drang in die Stadt ein. Über 50 Menschen und 200 Haustiere fanden dabei den Tod. Auch hier ignorierte man die Warnungen der Natur. Einer, der die Zeichen erkannte, war Marino Leboffe, der Kapitän der aus Neapel stammenden Orsolina. Er soll gesagt haben, daß er zwar nichts über den Mont Pelée wisse, wenn aber der Vesuv so aussehe wie dieser Berg, würde er schleunigst das Weite suchen – was er dann auch tat. Als der Mont Pelée am nächsten Morgen Saint-Piere in Schutt und Asche legte, war Kapitän Leboffe mit seinem Schiff auf hoher See in Sicherheit. Viele, die versucht hatten, die Stadt auf dem Landweg zu verlassen, waren von Soldaten zurückgeschickt worden. Diese waren an den Ausfallstraßen stationiert, um sicherzustellen, daß genügend Wähler bei den bevorstehenden Wahlen für die amtierende Regierung stimmen würden. Am Morgen des 8. Mai lag

UNTEN
Mit ihren dicken Schichten aus Bims, einem sehr leichten, von Gasblasen durchsetzten Vulkangestein, kündet diese Klippe von katastrophalen früheren Eruptionen des Vulkans von Thera. Oft speit der Vulkan gewaltige Mengen Bimsstein aus, ehe eine Explosion den Berg wegsprengt, so daß nur noch ein Krater bleibt.
FOTO: ROBERT DECKER

die Stadt tot und völlig zerstört unter einer glühenden Aschendecke. Die Welt war erschüttert und leistete den Überlebenden aus den umliegenden Ortschaften schnelle Hilfe. Zwei Wochen nach dem Ausbruch kam der Geophysiker Thomas Jaggar zusammen mit anderen Wissenschaftlern und Journalisten von New York nach Martinique. Fassungslos und schockiert über die tödliche Zerstörung widmete sich Jaggar künftig der Vulkanforschung mit dem Ziel, Schutzmaßnahmen für Vulkananwohner zu entwickeln. Auf der Suche nach einem geeigneten Forschungsobjekt kam er schließlich zum Kilauea auf Hawaii. Auf seinem Gipfel legte er den Grundstein für das Hawaii-Vulkanobservatorium. Das Motto des neuen Forschungszentrums für vulkanische Vorgänge auf der Erde war „Ne plus haustae aut obrutae urbes" – „Nie mehr sollen Städte zerstört werden". Heute setzt das von der amerikanischen Bundesbehörde der United States Geological Survey in Zusammenarbeit mit der Universität von Hawaii betriebene „Hawaiian Volcano Observatory" Jaggars Traum um. Es liegt am Rande der Kilauea-Caldera und bietet einen Blick auf eine Szenerie von gewaltiger Schönheit und Zerstörungskraft.

OBEN
Nach Jahrhunderten der Ruhe begrub der Vesuv 79 n. Chr. die Stadt Pompeji unter tonnenschweren Ascheschichten. Heute liefern Ausgrabungen der römischen Stadt einzigartige Einblicke in das Leben im ersten nachchristlichen Jahrhundert.
FOTO: ROBERT DECKER

RECHTS
Immer wieder hat der Vesuv Opfer gefordert. Die explosive Eruption von 1906 kürzte den Gipfel um 200 m, und gewaltige Aschemassen senkten sich auf die umliegende Landschaft. Dick bedeckte die Asche die Straßen von Ottaviano. Mit Schaufeln und Pferdefuhrwerken schafften die Bewohner der Stadt mühsam Ordnung.
(LIBRARY OF CONGRESS)

GEGENÜBER
Heute reichen die Vorstädte Neapels weiter den Vesuv hinauf als die Ruinen des alten Pompeji. Die Aschewolke, die 1944 über der Stadt lag, erinnert daran, daß weiterhin mit Aktivitäten des Vesuvs zu rechnen ist.
(U.S. NAVY, NATIONAL ARCHIVES)

LINKS
Saint-Pierre auf der Karibikinsel Martinique am Fuße des Mont Pelée ein paar Jahre vor der Katastrophe von 1902. Verträumt liegt das Städtchen in der warmen Tropensonne. Damals hätte kaum jemand den verheerenden Ausbruch für möglich gehalten.
(ROYAL COMMONWEALTH SOCIETY)

LINKS
Von etwa der gleichen Warte aus zeigt dieses Bild das völlig zerstörte Saint-Pierre nach dem Ausbruch von 1902. Von den knapp 30 000 Einwohnern überlebten nur zwei die Zerstörungswut der Glutwolke, die die Stadt überrannte. Dieser Anblick veranlaßte den amerikanischen Geologieprofessor Thomas Jaggar, auf Hawaii ein Institut zu gründen, das mit seiner Vulkanforschung den Wahlspruch erfüllen sollte: „Nie mehr sollen Städte zerstört werden.“
(LIBRARY OF CONGRESS)

RECHTS
Die ersten Gebäude von Jaggars Labor auf dem Gipfel des Kilauea mögen nach heutigem Standard primitiv erscheinen. Doch die Ergebnisse dieser in ihren Anfängen so unscheinbaren Forschung haben viele tausend Menschenleben in aller Welt gerettet. Im heute von der U.S. Geological Survey, einer amerikanischen Bundesbehörde, in Zusammenarbeit mit der Universität von Hawaii betriebenen Hawaii-Vulkanobservatorium versuchen Vulkanologen aus aller Welt, Jaggars Traum umzusetzen und den Vulkanen ihre Geheimnisse zu entlocken. (USGS)

GEGENÜBER
Als Thomas Jaggar zum Kilauea kam, sah die Gipfelregion ganz anders aus als heute. Wie 1842 von Titian Ramsey Peale erstmals dargestellt, gab es dort einen brodelnden See aus flüssigem Gestein, den man für ein dauerhaftes Kennzeichen des Vulkans hielt. GEMÄLDE VON TITIAN RAMSEY PEALE (BISHOP MUSEUM)

LINKS
Heute gibt es auf dem Gipfel des Kilauea keinen Lavasee mehr. Das am Kraterrand gelegene Hawaii-Vulkanobservatorium erscheint auf dem gewaltigen Vulkangipfel winzig. Das weitläufige flache Profil des Mauna Loa im Hintergrund ist typisch für Schildvulkane in aller Welt.

LINKS
Das Originalsiegel des Vulkanobservatoriums am Gipfel des Kilauea mit seinem lateinischen Wahlspruch, der übersetzt lautet: „Nie mehr sollen Städte zerstört werden". Jaggars Lebenswerk war die Erforschung der Vulkane, um Gefahren für Menschen in aller Welt zu vermeiden. NACH DEM ORIGINAL GEZEICHNET VON J. R. LEWIS (QUANTUM GRAPHICS)

Kapitel 4

Inseln im Meer

DOPPELSEITE 46/47
Die Macht des Meeres und die Gewalt des Vulkans wirken bei der Gestaltung der Küste einer Vulkaninsel zusammen und schaffen einen Ort beeindruckender und ehrfurchtgebietender Schönheit.

Kapitel 4

Inseln im Meer

Aus zwei wichtigen Gründen wählte Jaggar die Schildvulkane von Hawaii als Standort für sein neues Observatorium. Zum einen bieten ihre häufigen Ausbrüche genügend Gelegenheit zum Studium der Eruptionsprozesse. Zum anderen sind die Ausbrüche von Schildvulkanen relativ ungefährlich, weil das austretende basaltische (basische) Magma sehr flüssig ist. Zwar enthält auch dieses flüssige Gestein viel Gas, doch wird es freigesetzt, ehe sich ein explosiver Druck aufbaut. Schichtvulkane dagegen neigen dazu, nach Jahrhunderten oder gar Jahrtausenden friedlicher Ruhe mit einer gewaltigen Explosion aus ihrem Schlaf zu erwachen. An ihrem Aufbau sind Erdrutsche und Lawinen beteiligt, und der Aufstieg über die instabilen Hänge zum Gipfel ist oft äußerst gefährlich.

Viele Schildvulkane haben ihren Ursprung am Grund des Meeres. Dort liegen die Temperaturen nur wenig über dem Gefrierpunkt des Wassers, und es herrscht finstere Nacht, weil das Sonnenlicht nicht so weit in die Tiefen des Ozeans vordringen kann. Wenn sich nun am Meeresboden eine Spalte bildet, aus der Lava austritt, kann daraus im Laufe von Jahrtausenden ein Vulkan wachsen. Der erste Ausbruch ist gewaltig, da das Magma nur unter ungeheurem Druck durch das Gestein dringen kann, so daß dieses förmlich explodiert.

Im kalten Wasser überzieht sich die austretende Lava schnell mit einer Erstarrungshaut, unter der die glühende Lava weiterfließt. Die Haut wird wellig und schiebt sich walzenförmig zusammen. Unterstützt durch den im Wasser herrschenden Auftrieb, werden an der Stirnfront des Lavastroms einzelne Lavaballen abgelöst. Sie nehmen Kugelgestalt an und werden durch dichte Übereinanderschichtung kissenförmig zusammengedrückt. Man nennt diese Lava daher Kissenlava (Pillowlava). Der untermeerische Vulkan ist meist instabil und fällt immer wieder in sich zusammen. So verbreitert sich die Basis, und der Berg wächst durch weiter austretende Kissenlava ganz langsam in die Höhe. Sobald er bis zum Meeresspiegel angewachsen ist, wird das Gas im Magma nicht mehr vom Wasserdruck an der Ausdehnung gehindert und kann sich entladen.

Mit explosiven Ausbrüchen taucht eine neue Insel aus dem Meer auf. Anfangs ist sie nur ein hufeisenförmiger Haufen vulkanischer Asche und Gesteinsbrocken. Wenn Wasser mit der schmelzflüssigen Lava im Schlot in Berührung kommt, erschüttern gewaltige Explosionen die neue Insel und lassen Gesteinslawinen an ihren Hängen abrutschen. Solange Wasser in den Schlot gelangt, dauern die Eruptionen an. Wenn sie aufhören, können die Wellen das lockere Gestein leicht ins Meer spülen. Setzen sich die Eruptionen aber weiter fort, kommt man zum „Hawaiianischen Eruptionstyp" oder kurz „Hawaiityp". Flüssige Lava breitet sich über den lockeren Aschehaufen und erkaltet zu einer dichten, harten Decke. So gepanzert, kann die neue Vulkaninsel dem Ansturm des Meeres widerstehen.

Wenn sich der Vulkan weiter über das Meer erhebt, werden seine Hänge flacher, weil die Lava an der Luft langsamer erkaltet als im Wasser. Tausende solcher jeweils nur wenige Meter dicken Lavaschichten werden übereinandergelagert, während die Insel weiter langsam über den Meeresspiegel steigt. Die Lavaströme fließen einmal an dieser, einmal an jener Stelle hinab ins Meer und erhöhen und verbreitern so den Vulkan.

Der Gipfel eines aktiven Schildvulkans hebt und senkt sich über einer Magmakammer in zwei bis drei Kilometern Tiefe. Sie ist der Vulkanherd. Wenn neues Magma aus der Tiefe in die Kammer drängt, steigt sie immer einige Zentimeter an, bei Eruptionen sinkt sie blitzschnell ab. An der Oberfläche entstehen tiefe Einsturzkrater (auch „Pitkrater" oder Schachtkrater genannt), weil durch eine Eruption entleerte, oberflächennahe Kammerräume den Gipfel nicht mehr tragen können. Die größten dieser Ein-

UNTEN
Aus dem All betrachtet, beherrscht der Mauna Loa die Hauptinsel von Hawaii. Im Vordergrund haben aus Schloten entlang der südwestlichen Riftzone ausgetretene Lavaströme unterschiedlichen Alters eine filigrane Zeichnung an den Hängen des Berges hinterlassen. Solche Lavaströme haben den Mauna Loa innerhalb einer Million Jahre zum größten Vulkan der Erde gemacht. (NASA)

RECHTS
Die Hawaii-Inseln gehören zu einer Kette ozeanischer Schildvulkane, die den Pazifischen Ozean auf einer Länge von 6 000 km durchziehen. Solche Inselketten entstehen dort, wo sich eine ozeanische Platte langsam über einen festen „hot Spot" schiebt. Über dem „heißen Fleck" dringt immer wieder Magma durch die ozeanische Platte und bricht in einem Vulkan aus. Die Insel Hawaii ist die jüngste und vulkanisch aktivste Insel der Kette, die auf eine Entstehungsgeschichte von 65 Millionen Jahren zurückblickt. Ein scharfer Knick etwa in der Mitte der Kette weist auf eine abrupte Änderung der Plattenbewegungsrichtung hin, die etwa zu der Zeit stattfand, als Indien auf Asien prallte.
COMPUTERGRAPHIK VON J.R. LEWIS (QUANTUM GRAPHICS). NACH EINEM DIGITALEN BILD, MIT FREUNDL. GEN. VON DR. PETER W. SLOSS, NOAA, NATIONAL GEOPHYSICAL DATA CENTER, BOULDER/COLORADO.

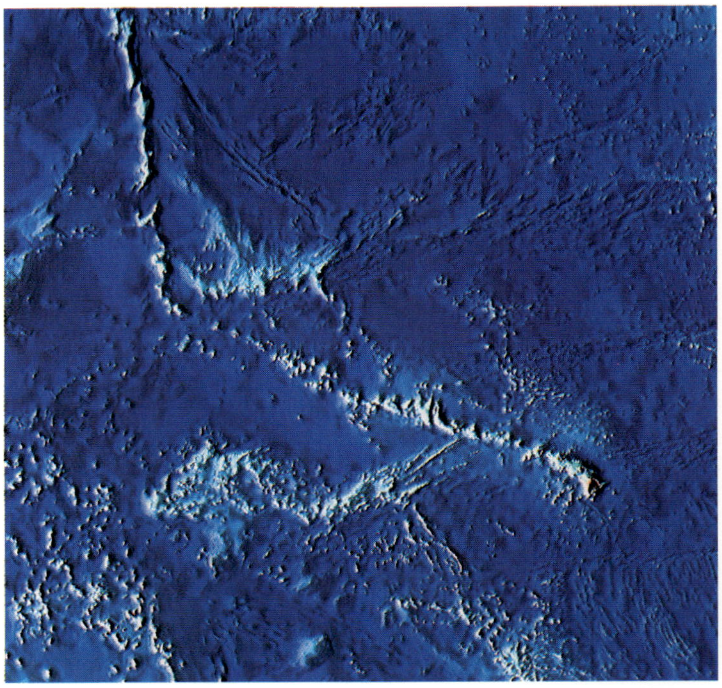

sturzkrater nennt man Caldera. Die Caldera hat einen Durchmesser von etlichen Kilometern. Manchmal sammelt sich in solch einem Krater ein Lavasee.

Der Gipfelrhythmus ändert sich mit der Zeit. Er kann sich an einem einzigen Tag heben und senken oder aber so langsam, daß man es kaum wahrnimmt. Wenn er sich hebt, bricht das Gestein über der Magmakammer und wird von Tausenden kleiner Beben erschüttert. Manchmal tritt aus der Magmakammer so viel Lava aus, daß Wasser aus dem umgebenden Gestein eindringen kann und es zu einer gewaltigen Dampfexplosion kommt. Dann steigt eine Dampf- und Aschewolke auf, und Gesteinsbrocken und Staub regnen auf die umliegende Landschaft herab. Glücklicherweise kommt das nur selten vor.

Bei Vulkanen des Hawaiityps sind Ergußausbrüche an den Flanken häufig. Sie erfolgen in Verwerfungszonen („Rifts"). Bei einer Eruption entlang einer solchen Spaltenzone füllt Magma einen langen, schmalen Riß. Dieser wird durch den Druck im Innern gedehnt, bis es zu einer Spalteneruption kommt. Nahezu alle Ausbrüche von Schildvulkanen beginnen damit, daß aus sich öffnenden Spalten infolge plötzlicher Druckentlastung die aufsteigende Lava aufzuschäumen beginnt. Darin enthaltene Gase dehnen sich aus, so daß sie, zerspratzte Lava mit sich reißend, Lavafontänen bilden, die sich zu regelrechten „Feuergardinen" zusammenschließen können.

Manche Eruptionen enden mit dem Erlöschen der „Feuergardine" nach kurzer Zeit, bei anderen kommt es immer wieder zu neuen Ausbrüchen. Wenn die „Feuer-

gardinen" erlöschen, bleiben entlang der Spaltenzone sogenannte Parasitenkrater erhalten, aus denen immer wieder Lavafontänen austreten können. Eine Fontäne fängt klein an, weil zuerst gasarme Restlava von alten Eruptionen austritt. Wenn frisches Magma im Schlot nach oben dringt, bildet die Gesteinsschmelze eine Kuppe, die in sich selbst zurückfällt wie Wasser aus einem Trinkbrunnen. Die Kuppelfontäne wächst immer weiter, bis schließlich eine weithin sichtbare Feuerfontäne entstanden ist. Wenn die Lava röhrend aus einem 20 m durchmessenden Krater schießt, bebt die Erde. Im Flug erstarrende Fetzen heißer Lava fallen vor allem in Windrichtung als bizarre, rauhe, von Blasenräumen durchsetzte Schlacken oder als feine Asche auf den Vulkan. Nach einigen Stunden läßt die Eruption nach, und einige Zeit später zieht sich die Lava wieder in die Tiefe des Vulkans zurück. Die am Grunde von Feuerfontänen und Feuergardinen austretende Lava erkaltet und entgast schnell und bildet eine zackenartig rauhe Oberfläche. Mit ihrem hawaiischen Namen nennt man sie Aa-Lava (Aussprache: Ah-Ah). Aa-Ströme erstarren schnell und breiten sich daher nicht weit von den Spaltenzonen aus. Manchmal fallen ausgeschleuderte Lavafetzen zäh und heiß in unmittelbarer Umgebung auf den Boden zurück, backen aneinander fest zu Schweißschlacken und bilden um die Ausbruchsöffnungen herum kleine steilwandige Kegel, die man Hornitos nennt (von span. *horno* = Ofen).

Das Herz eines aktiven Aa-Stroms bildet eine Zunge pastenartig dicker Lava. Manche Ströme fließen in Kanälen und nähren eine sich verbreiternde Front. Von

OBEN
Wenn der Gipfel eines untermeerischen Vulkans die Wasseroberfläche erreicht, kündet durch die Wellen explodierende Lava von der Geburt einer neuen Insel aus dem Meer.

OBEN
Sich über die Asche ergießende Lava überzieht den jungen Vulkan mit einem Schutzpanzer, der die neue Insel vor den anstürmenden Wogen schützt, die die lockere Asche sonst in das Meer spülen würden.

dieser brechen immer wieder mit glasartigem Geklimper klinkerartige Schollen ab. Diese sind bei einem Lavastrom meist gleich groß, variieren jedoch von Strom zu Strom – von der Größe einer Walnuß bis zu den Ausmaßen eines Kleinwagens.

Ein Kraterkegel wächst Schicht um Schicht mit jeder Eruption, bis die Lava nicht mehr die hohen Geschwindigkeiten erreicht, die für eine Fontäne nötig sind. Dann kann sie als passiver Strom austreten, der einen langlebigen Lavasee speist.

LINKS
Schicht um Schicht wächst der Vulkan, wenn sich eine neue Lavaflut über seine Oberfläche breitet. Eine „aus-gewachsene“ Vulkaninsel besteht aus Abertausenden solcher Schichten.

LINKS
Pflanzen und Tiere von anderen Inseln finden ihren Weg an neue Gestade, und das Leben ergreift Besitz von dem blanken Fels. Die für die Hawaii-Inseln charakteristischen Pflanzen und Tiere sind daran angepaßt, auf der Inselkette immer weiter nach Süden zu wandern.

RECHTS
Schließlich bedeckt üppiger Dschungel die Hänge des Vulkans. Auch die von neuerlichen Lavaströmen gerissenen Schneisen schließen sich im Laufe der Jahrzehnte.

OBEN
Das Leben auf einem aktiven Vulkan ist hart. Das Feuer aus dem Berg stellt eine ständige Bedrohung für die oft einzigartige Flora und Fauna dar.

UNTEN

Schachtkrater entstehen, wenn Magma aus nahe der Oberfläche liegenden Spalten und Höhlungen abfließt, um andernorts eine Eruption zu speisen. Das Oberflächengestein hat keinen Halt mehr und stürzt ein. Die Einsturzkrater sind ein typisches Kennzeichen der Gipfelregion eines Schildvulkans. Dauerhaft sind diese Krater nicht. Schon der nächste Ausbruch des Vulkans kann sie wieder füllen.

RECHTS
Die Schichtung des Schildvulkans läßt sich an den Rändern der Gipfelcaldera deutlich erkennen. Die steilere Böschung des Mauna Kea im Hintergrund wurde durch dicke Lava gebildet, die austrat, als die Magmakammer des Berges erkaltete.

RECHTS
Eine neuerliche Eruption des Kilauea auf Hawaii dauerte zehn Jahre. Die erkaltete Lava hinterließ schwarze Narben im üppigen Grün des Dschungels. Aus einem Schlot (oben links) fließt Lava durch Tunnel unter der neuen Lavadecke zum Strand. Dort entsteht (erkennbar an der weißen Dampfsäule) in der Brandung neues Land.

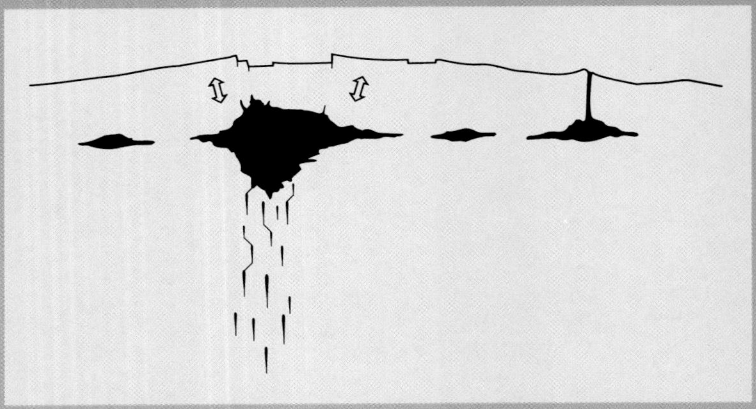

Zwischen zwei Ausbrüchen sammelt sich Magma in einer großen Magmakammer unter dem Gipfel eines Schildvulkans (dunkle Bereiche im Querschnitt links). Hochempfindliche Seismographen überall am Gipfelrand zeichnen winzigste Erschütterungen auf, die durch An- und Abschwellen der Magmakammer entstehen. Mit moderner Elektronik läßt sich dieses Prinzip so weit verfeinern, daß noch in einem Kilometer Entfernung Millimeterbewegungen festgestellt werden können.

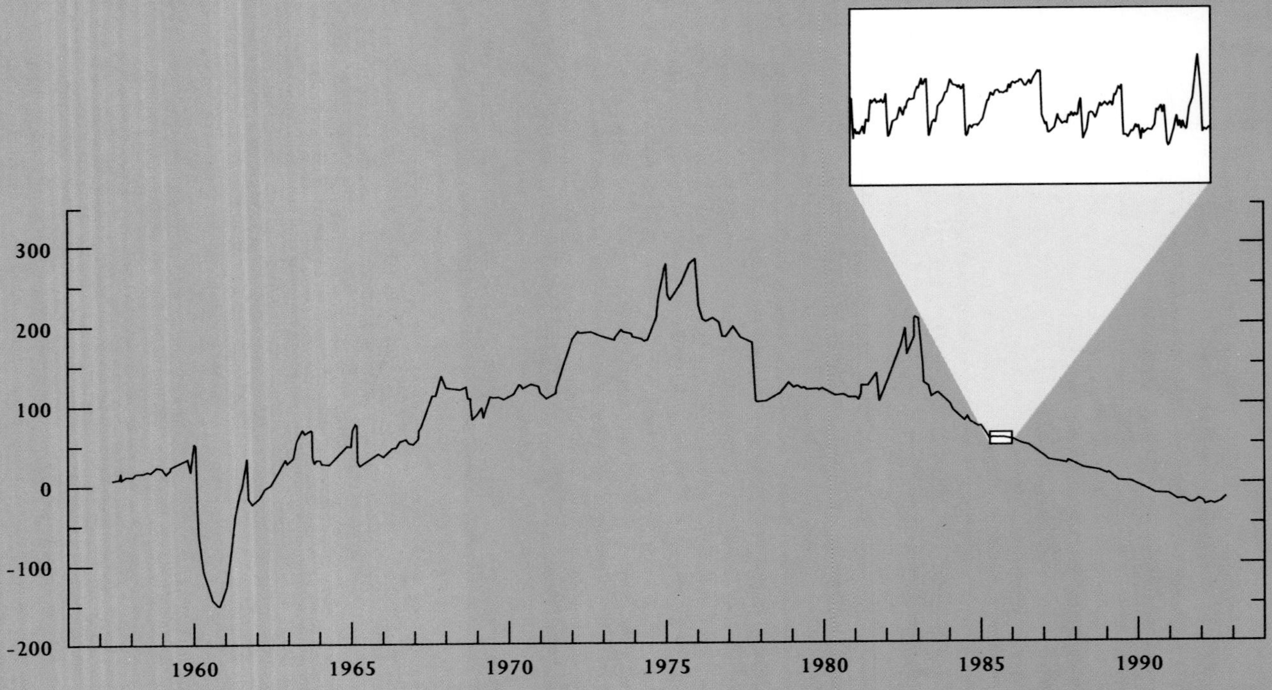

Der große Graph (oben) zeigt die wichtigsten Veränderungen in der Gipfelmagmakammer in den letzten Jahrzehnten. Plötzliche Tiefstwerte bei den Erschütterungen gehen einher mit größeren Eruptionen. Die Seismographen messen auch kleinere Erschütterungen. Der vergrößerte Graph (oben rechts) zeigt das typische Sägezahnmuster, das sich bei wiederholten Fontänenausbrüchen feststellen läßt. Perioden eines langsamen Anstiegs stellen die monatelangen Ruhezeiten zwischen zwei Eruptionen dar, in denen sich die Kammer langsam mit Magma aus tieferen Schichten füllt. Der plötzliche Abfall der Kurve bedeutet dann eine Eruption, die meist weniger als 24 Stunden dauert.
COMPUTERGRAPHIK VON J.R. LEWIS (QUANTUM GRAPHICS). NACH DATEN DES HAWAII-VULKANOBSERVATORIUMS.

LINKS
Der Gipfel eines Schildvulkans hebt und senkt sich mit dem Pegel des Magmas in der Magmakammer. Wenn bei einem Ausbruch größere Magmamengen aus der Kammer austreten, ist der Gipfel unterhöhlt und stürzt schachtartig ein. Die einzelnen Schachtkrater schließen sich zu einer Gipfelcaldera zusammen, die ein Kennzeichen von Schildvulkanen überall im Sonnensystem darstellt.

OBEN
Schildvulkane vom Hawaiityp sind durch Riftzonen (Spaltenzonen) gekennzeichnet, die sich strahlenförmig vom Gipfelkrater ausbreiten. Auf diesem Luftbild sind Risse und Spalten von früheren Eruption deutlich erkennbar. Kahler Fels markiert die Orte häufiger Eruptionen.

LINKS
Spalteneruptionen ertränken sich in Lavaseen, wenn die Lava schneller nach oben dringt, als sie vom Schlot wegfließen kann.

OBEN
Eine Spalteneruption beginnt, wenn die Riftzone über Kilometer aufreißt. Niedrige Feuerfontänen steigen auf und schließen sich zu einer Wand zusammen.

RECHTS
Herabfallende Lava bildet entlang der Eruptionsspalte einen Wall aus lockerem Basalt. Solche Dämme markieren die Schauplätze früherer Spaltenausbrüche auf einem Schildvulkan.

RECHTS
Im Magma gelöstes Wasser dehnt sich an der Erdoberfläche blitzartig aus. Dadurch werden Fontänen flüssigen Gesteins in die Luft geschleudert. Beim Austreten aus einer Spalte bildet die Lava einen leichten Glutschaum.

UNTEN
Bei Nacht bilden die Fontänen einer Spalteneruption einen glühenden Vorhang hinter dem filigranen Schwarz der Bäume.

GEGENÜBER
Aus der Nähe betrachtet, sieht man die schäumende Lava aus einem runden Schlot von etwa 20 m Durchmesser austreten und in sich selbst zurückfallen – wie Wasser aus einem Springbrunnen. Diese Art der Aktivität kann oft Stunden andauern, bis sich die Fontäne schließlich zu ihrer vollen Höhe von einigen hundert Metern erhebt.

LINKS
Eine Spalteneruption klingt ab, der lange Spalt wird von erstarrter Lava verschlossen, bis schließlich nur noch ein einziger schmaler Schlot bleibt. Bei aufeinanderfolgenden Eruptionen konzentriert sich die Gewalt des Ausbruchs auf diesen Schlot. Eine Feuerfontäne ist anfangs klein, da sich zuerst alte Lava langsam aus dem Schlot ergießt.

RECHTS
Wenn sich neues, gasreiches Magma aus dem Schlot erhebt, entstehen Blasen und dehnen sich immer weiter aus. Die sich daraus ergebende Volumenzunahme schafft einen gewaltigen Druck, so daß sich eine kuppelförmige Fontäne über dem Schlot erhebt. Aus dem aufsteigenden Magma austretender Wasserdampf bildet eine weiße Wolke über dem Schlot.

GEGENÜBER
Der Höhepunkt ist erreicht: Hunderte von Metern hoch wird Lava in die Luft geschleudert. Eine glasig schimmernde Decke erkaltender schwarzer Fetzen bildet einen wachsenden Kegel am Grund der Fontäne.

OBEN
Eine Nachtaufnahme mit einer Belichtungszeit von einer Sekunde ergibt ein „Röntgenbild“ der Feuerfontäne.

LINKS
Tief im Innern des Vulkans gefangene Gastaschen gelangen bei einer Eruption unter hohem Druck aus dem Schlot. Wenn das geschieht, erreichen die Feuerfontänen ihre größte Höhe. Die zurückfallende, noch immer flüssige Lava erkaltet zu unbetretbarem zackig-sprödem Gestein. Diesen Lavatyp nennt man Aa.

OBEN
Ein Aa-Lava-Fluß verbreitert sich fächerartig. Von den Seiten des Stroms lösen sich abgekühlte Krustenteile ab, und die glühende Lava darunter kommt zum Vorschein.

RECHTS
Spalteneruptionen und Feuerfontänen bringen große Aa-Lava-Ströme hervor, die sich in die Wälder ergießen und die Bäume in einem Feuermeer begraben.

Kapitel 5

Der Feuergürtel

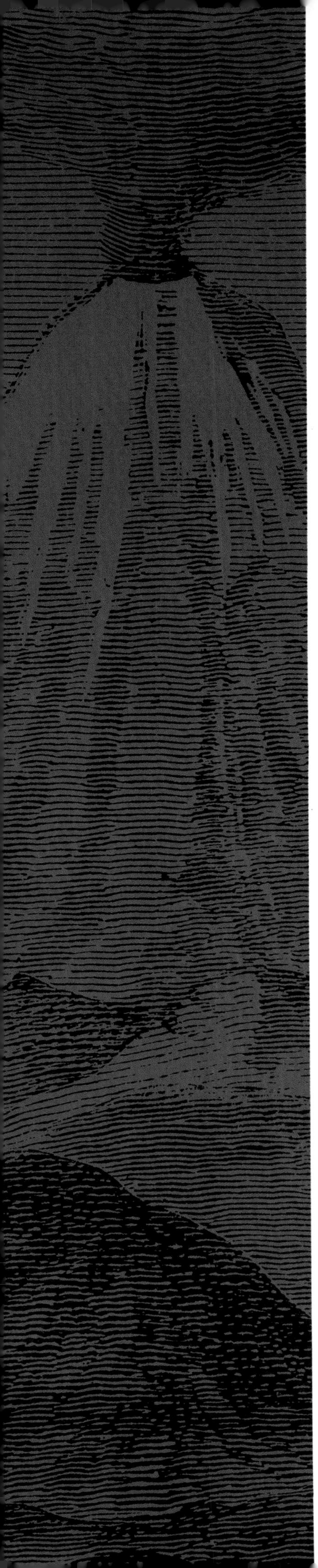

DOPPELSEITE 72/73
Glutwolken rasen die Hänge eines Schichtvulkans hinab. Aus der heißen Asche im Vulkan freigesetzte Gase bilden eine weiße Wolke, der man ihre Zerstörungswut aus der Entfernung nicht ansieht. Die Gase bilden ein Kissen, auf dem die Glutwolken weit gleiten können. (USGS)

Kapitel 5

Der Feuergürtel

Bei einem Großteil der bei einem Schichtvulkanausbruch austretenden Lava handelt es sich um eingeschmolzenes Meeresbodensediment mit mikroskopisch kleinen Tierskeletten, Flußschlamm und Sand. Mit dem Sediment gelangt auch Wasser in die Tiefen des Schmelzkessels, und je mehr Wasser im Magma ist, desto explosiver wird es. Dies und die Tatsache, daß das Schichtvulkane speisende Magma in der Regel wesentlich zähflüssiger ist als das der Schildvulkane, macht Stratovulkane zu hochexplosiven Bergen. Das aufsteigende Magma schmilzt unterschiedlichstes Krustengestein an und vermischt sich mit ihm zu verschiedensten Lavatypen. Sie alle sind ganz anders als die einheitliche basaltische Lava der Schildvulkane. Außerdem steigt basaltische Magma durch die Lithosphäre auf, die selbst aus basaltischem Gestein besteht und überall im Meer nahezu gleich ist.

Aufgrund der großen Unterschiede zwischen einzelnen Schichtvulkanen kann man keinen „typischen“ Ausbruch beschreiben. Dennoch gibt es auch hier Gemeinsamkeiten, die als Grundlage zum Verständnis dieser Explosivvulkane dienen können. Der Name Schichtvulkan (nach dem lateinischen Wort *stratum* für Schicht auch Stratovulkan) rührt daher, daß sich diese Vulkane aus abwechselnden Schichten von Asche und Lava zusammensetzen. Da an den oberen Hängen des Vulkankegels gewaltige Aschemengen niedergehen, bleibt ein solcher Vulkan auch Jahre nach einem Ausbruch gefährlich. Starke Regenfälle und tropische Stürme können die Asche in gewaltige Schlammlawinen verwandeln, die alles unter sich begraben, was ihnen im Wege steht. Diese Schlammströme, bekannt unter dem javanischen Namen Lahar, können die Temperatur von kochendem Wasser erreichen und stellen eine der größten ständigen Gefahren eines Schichtvulkans dar. Die dicken Ascheschichten sind zudem instabil, und es kann leicht zu Erdrutschen kommen. Allerdings rührt daher auch die pittoreske Kegelform von Schichtvulkanen, die den Fujiama und Mount St. Helens vor ihrem letzten Ausbruch kennzeichneten.

Bei der Schichtung eines Stratovulkans können vier unterschiedliche Eruptionstypen eine Rolle spielen. Diese sind in der Reihenfolge zunehmender Explosivität der Strombolityp, der vulkanische Typ, der peleanische Typ und der plinische Typ. Bei den einzelnen Stratovulkanen gibt es nicht nur Unterschiede in der vorherrschenden Art der Aktivität, auch der Eruptionstyp kann sich vom einen zum anderen Mal ändern. Selbst eine einzige Eruption kann sich mit zunehmender Explosivität vom einen zum anderen Typ wandeln.

OBEN
Aus dem All erscheint der philippinische Vulkan Pinatubo wie eine das Land umklammernde Riesenspinne, da die von den aschebeladenen Hängen herabfließenden Schlammströme in alle Richtungen ausstrahlen. Vulkanische Asche, die von den Monsunregen in Schlammlawinen verwandelt werden kann, stellt eine der größten Langzeitgefahren eines Stratovulkans dar. (NASA)

Die nach dem Vulkan Stromboli in Italien benannten Eruptionen vom Strombolityp (auch strombolianischer Typ) erinnern noch am ehesten an die Ausbrüche von Schildvulkanen, weil hier größere Mengen Lava ausfließen. Doch die Lava ist weniger dünnflüssig und wesentlich gashaltiger. Sie wird daher eher in explosionsartigen Schüben ausgeschleudert. Die herabregnenden Bomben und Schlacken ergeben ein faszinierendes Feuerwerk.

Eruptionen vom vulkanischen Typ stoßen weit weniger flüssige Lava aus, typisch sind blumenkohlförmige Wolken feiner Asche, die entstehen, wenn frisches Magma mehr oder weniger ständig wie fester Raketentreibstoff explodiert. Im Frühstadium einer solchen Eruption ist die Wolke dunkel und wird von Blitzen durchzuckt, später verblaßt sie und wird weiß, feste Asche fällt aus. Die kompakten Blöcke der bei einer vulkanischen Eruption ausgeschleuderten Lava sind scharfkantig und weniger glasartig als die Produkte der flüssigeren Auswürfe einer Strombolityp-Eruption. Die vulkanischen Lavaströme sind kurz und dick und fließen selten weiter als ein paar hundert Meter vom Schlot herab. Somit wird dem Vulkan hauptsächlich Asche aufgelagert. Ein instabiler Kegel aus Asche und Schlacke entsteht.

Die peleanischen Eruptionen sind nach dem Ausbruch des Mont Pelée 1902 benannt, der die Stadt Saint-Pierre auf Martinique zerstörte. Auch hier werden kantige Lavablöcke ausgeschleudert. Wichtiges Kennzeichen einer Eruption vom Peléе-Typ ist die Ausbildung einer Stau- oder Quellkuppe. Nach dem Ausstoß gasreicher Lava schiebt sich zähe, dicke Lava kuppelförmig aus dem Krater. Wenn diese schnell erstarrte Kuppel einstürzt, kommt es zu den todbringenden Glutwolken, die unter dem Namen Nuées ardentes bekannt wurden. Solch eine Glutwolke machte Saint-

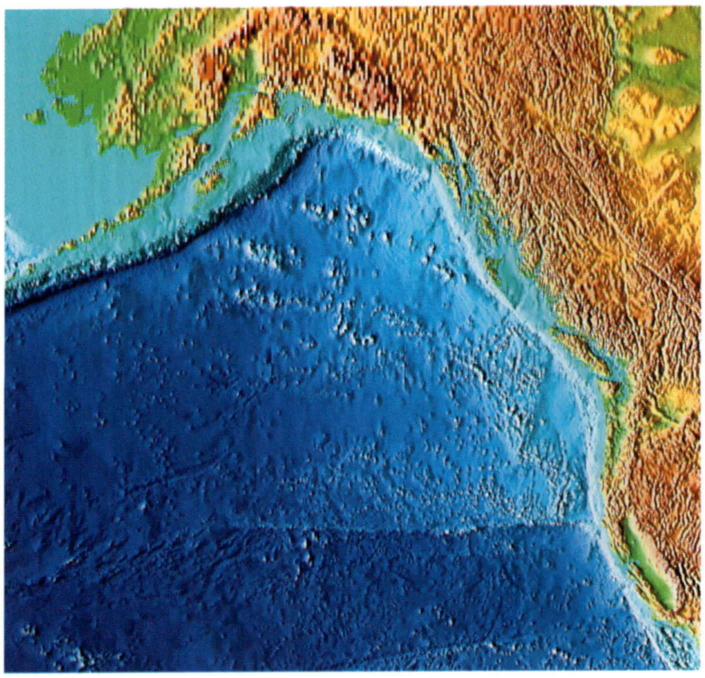

OBEN
Schichtvulkane verlaufen parallel zu Küstenlinien, an denen eine tektonische Platte unter eine andere abtaucht. Vulkanketten wie die Cascade Range im amerikanischen Nordwesten entstehen, wenn Sedimentmaterial vom Meeresboden beim Abtauchen der Platte eingeschmolzen wird. Das so entstehende leichte Magma steigt auf und bildet Vulkane wie den Mount St. Helens, bei dem es 1980 zu einem gewaltigen Ausbruch kam.
COMPUTERGRAPHIK VON J.R. LEWIS (QUANTUM GRAPHICS). NACH EINEM DIGITALEN BILD, MIT FREUNDL. GEN. VON DR. PETER W. SLOSS, NOAA, NATIONAL GEOPHYSICAL DATA CENTER, BOULDER/COLORADO.

Pierre 1902 dem Erdboden gleich. Wenngleich die Staukuppen etwas weniger explosiv sind als früher ausgetretene Lava, so sind sie doch äußerst gefährlich. Beim Ausbruch des Hibok Hibok auf den Philippinen 1950 brach z. B. ein Stück der Staukuppe in einer solchen Glutwolke ab und lag dann eine Stunde still da, bis es plötzlich mit solcher Gewalt zerbrach, daß sich Lavafetzen in die Stämme umliegender Kokospalmen einbohrten. Zur Klassifizierung einer Eruption als peleanisch genügt in der Regel die Ausbildung einer Glutwolke.

Beim Wachstum eines Schichtvulkans spielt häufig die Ausbildung einer Staukuppe eine Rolle. Eine große Kuppel kann sich jahrelang immer weiter ausdehnen, so daß der Vulkan nach und nach an Höhe gewinnt, und zwar bis zu mehreren hundert Metern. Die Staukuppe ersetzt so nach und nach den feinen Vulkanstaub früherer explosiver Eruptionen. Die Glutwolken, die durch den Einbruch von Kuppelstücken ausgelöst werden, rasen mit Geschwindigkeiten von über 100 Stundenkilometern die Hänge des Schichtvulkans hinab und sind nicht zu stoppen. Wenn sie schließlich erlöschen, setzt sich die Asche zu einer erosionsfesten Gesteinsschicht ab, die dem Stratovulkan seine Kegelform und Stabilität verleiht.

Plinische Eruptionen sind bei weitem die explosivsten. Sie sind nach Plinius dem Älteren benannt, der beim Untergang Pompejis während der Eruption des Vesuv 79 n. Chr. den Tod fand (S. 39). Bei plinischen Eruptionen entstehen gewaltige Mengen neuer Lava, die meist als Bims herabregnet, weil sie so gasreich ist, daß sie sich beim explosionsartigen Ausstoß gewaltig aufbläht. Pompeji wurde unter meterdicken Bimsschichten begraben. Im Verlauf einer plinischen Eruption wird die den Ausbruch speisende Magmakammer so weit entleert, daß große Teile des Vulkans in die entstehende Leere zusammenbrechen. Tausende von Quadratkilometern in Windrichtung regnen Bims- und Aschewolken nieder. Die Initialeruption des Mount St. Helens war ebenfalls vom plinischen Typ, später gab es jedoch auch peleanische Abschnitte. Der bekannte Ausbruch des Krakatau 1883 und die Eruption von Thera, die um 1500 v. Chr. die minoische Kultur zerstörte, gelten ebenfalls als plinisch.

Einen weiteren Eruptionstyp findet man sowohl bei Schicht- als auch bei Schildvulkanen. Dieser ultravulkanische Typ kommt vor, wenn größere Wassermassen in die teilweise entleerte Magmakammer gezogen werden. Manchmal treten solche Eruptionen in der Anfangsphase eines Ausbruchs vom vulkanischen oder vom

Strombolityp auf, und den Schlot verstopfendes Gesteinsmaterial wird mit Gewalt ausgeschleudert. Häufiger findet man ultravulkanische Eruptionen in den späteren Stadien eines plinischen Ausbruchs, wenn sich die Magmakammer mit allen möglichen Materialien füllt. Handelt es sich dabei um Wasser, kommt es zu gewaltigen Dampfexplosionen. Im typischen Fall werden nur Bruchstücke alter Lava ausgestoßen, die von Explosionen mit der mehrfachen Sprengkraft einer Atombombe zersplittert wurden. Eine der bekanntesten ultravulkanischen Eruptionen war die des Kilauea auf Hawaii 1924. Magma drang aus dem Vulkanherd, Wasser in die Kammer, und die resultierende Dampfexplosion überschüttete die Gipfelregion mit Blöcken alter Lava und produzierte eine gewaltige Dampf- und Aschesäule. Diese Eruption markierte eine Veränderung im Ausbruchsverhalten des Kilauea. Frühere Aktivitäten waren auf den Gipfel beschränkt gewesen, und die Lava hatte sich dort Jahrhunderte gehalten. Nun verlagerte sich die Aktivität auf die Riftzonen, und es kam zu Feuereruptionen und -strömen, die seither den Kilauea verändert haben.

UNTEN
Die wilde Schönheit eines Schichtvulkans entsteht durch Erdrutsche, die seine Abhänge zerklüften. Die stille Anmut des Mount Hood in der Cascade Range ist trügerisch. Wenn er aus seinem Schlummer erwacht, kann der Berg zerstörerische Kräfte freisetzen.
FOTO: STEVE TERRILL

GEGENÜBER
Die Eruption eines Schichtvulkans beginnt mit einer weit in die Atmosphäre ragenden Aschenwolke. Explosive Lava spritzt die Asche mit nahezu Schallgewindigkeit aus dem Schlot. Der Zusammensturz der Wolke bei nachlassender Eruption führt zu hurrikanartigen Gipfelstürmen.
FOTO: ROGER WERTH

OBEN
Magma aus Stratovulkanen entpuppt sich oft als hochexplosive Lava. Hier erleuchtet ein strombolianisches Feuerwerk den Gipfel des Akita-Komagatake in Japan (September 1970). Zähe Lava explodiert, und Fontänen glühender Teilchen fallen in parabolischen Flugbahnen zu Boden. FOTO: DAISUKE SHIMOZURU

GEGENÜBER
Der zerstörerische Ausbruch des Mount St. Helens 1980 hat die einst so prächtigen grünen Bergwälder in eine graue Wüste verwandelt. Der Spirit-See ist unter einer dicken Decke von Bims und abgeknickten oder entwurzelten Bäumen verschwunden.
FOTO: ROGER WERTH

LINKS
Hunderte Hektar kräftigen Waldes wurden von der gewaltigen Explosiveruption wie Grashalme niedergemäht.
FOTO: STEVE TERRILL

OBEN

Einen Tag nach dem Einbruch einer Staukuppe auf dem Gipfel des Unzen (Japan) 1992 bildeten sich tiefe Risse, die die Kuppel in vier Teile spalteten. Solche Brocken können abbrechen und Glutwolken auslösen, die in der vulkanologischen Literatur als Nuées ardentes bekannt sind. Diese Wolken sind teilweise rotglühend und erreichen in ihrem Inneren Temperaturen von bis zu 800 °C. FOTO: TSUTOMU ISHIZU (MAINICHI SHINBUN)

RECHTS

Lavakuppen von mehreren hundert Metern Durchmesser wachsen aus dem Schlot, wenn dicke Lava nach der Explosiveruption ausquillt. Solch eine Staukuppe begann sich etwa einen Monat nach der Haupteruption des Mount St. Helens zu bilden. Die Lava, die direkt nach der Haupteruption austrat, war zu gashaltig, als daß sie eine stabile Kuppel hätte bilden können.
FOTO: ROGER WERTH

Kapitel 6

Lavaseen und Feuerströme

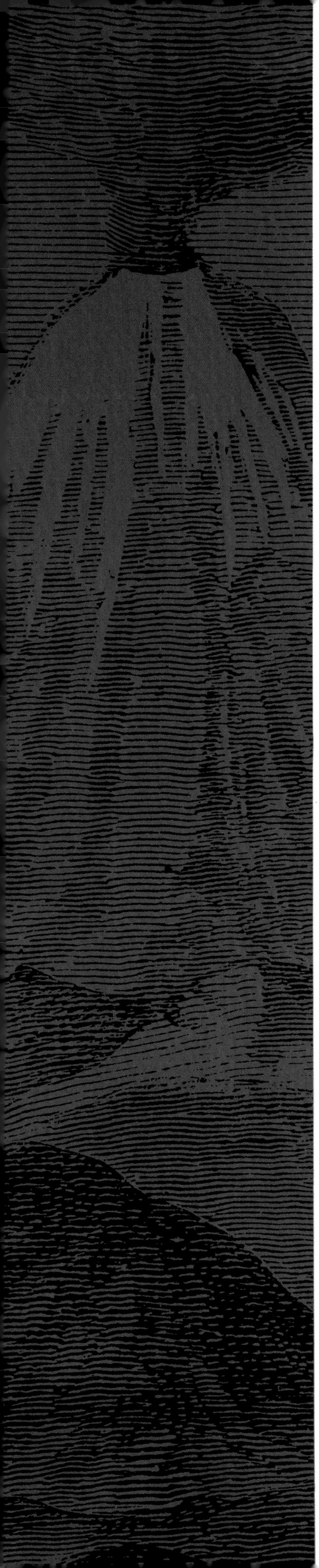

DOPPELSEITE 84/85
Lavaseen bilden sich entlang der Riftzonen eines Schildvulkans, wo die Lava nicht so schnell abfließen kann, wie sie austritt. Begrenzt werden die Seen meist von Dämmen, die durch häufiges Überfließen von Lava entstehen. Wenn eine Eruption länger andauert, bildet sich ein neuer Lavaschild, der im kleineren Maßstab das flache Profil eines Schildvulkans nachbildet.

Kapitel 6

Lavaseen und Feuerströme

Nach einem größeren Ausbruch kann eine Zeit verstärkter Aktivität folgen, die Jahre, Jahrzehnte oder gar Jahrhunderte dauert. Fortwährende Eruptionen erbringen den größten Zuwachs und bestimmen die Gestalt eines Schildvulkans. Lavaseen sind ein wichtiger Bestandteil dieses Prozesses. Wenngleich die größte Aktivität in der Regel zu Beginn einer Eruption festzustellen ist, wächst der Vulkan in dieser Phase relativ wenig.

Bis zu seinem Verschwinden bei der ultravulkanischen Eruption 1924 schien der Lavasee ein dauerhaftes Kennzeichen des Kilauea-Kraters zu sein. Mark Twain beschrieb 1868 dieses Naturschauspiel in seinem Buch „Durch dick und dünn“:

> *Weit vor uns ausgedehnt, wogte ein Meer aus flüssigem Feuer ... Hin und wieder wurde der wogende See dort unter uns beunruhigend still und schien Kraft zu neuem Anlauf zu sammeln; und ganz plötzlich hob sich dann eine rote Lavakuppel vom Umfang eines normalen Wohnhauses wie ein entweichender Ballon hoch, zerplatzte, und aus ihrem Innern spritzte ein blaßgrüner Dampfnebel und flutete nach oben ... Das klatschende Wiedereintauchen der zerstörten Kuppel in den See ließ eine Unzahl kochender Wogen gegen das Ufer peitschen und erschütterte das Fundament unseres Sitzplatzes.*

Der Lavasee war infolge einer starken ultravulkanischen Eruption 1790 entstanden. Diese hatte im Umkreis von einigen Kilometern die gesamte Vegetation auf dem Gipfel des Kilauea zerstört und in Windrichtung teilweise über zehn Meter dicke Ascheschichten abgelagert. Einige hawaiische Krieger fanden den Tod in Glutwolken, wie man sie sonst nur von Schichtvulkanen kennt. Glücklicherweise sind solche Eruptionen nicht häufig. Als Zeugen solcher Geschehnisse finden sich dicke Aschelagen zwischen Lavaschichten, die in Jahrtausenden gewachsen sind. Ein Großteil des Materials, das beim Ausbruch 1790 weggesprengt wurde, wurde durch Ablagerungen aus dem überfließenden Lavasee ersetzt. Die weniger explosive Eruption von 1924 brachte die Füllung des Lavasees zum Stillstand, und die meisten späteren Ausbrüche waren Spalteneruptionen entlang zweier Riftzonen. Allerdings entstehen Lavaseen, zum Glück für die, die sie erforschen möchten, auch bei anhaltenden Spalteneruptionen.

Ein Lavasee ist tief, und mit brodelndem flüssigen Gestein gefüllt, das aus dem Schlot austritt, wenn der für Feuerfontänen und Feuergardinen notwendige Druck nicht mehr vorhanden ist. Mit der Bildung eines Lavasees wird der Lavaaustritt stetig und ruhig. Wellenbewegungen brechen die erstarrende Oberfläche immer wieder auf und gewähren einen Blick auf die rotglühende Lava darunter. Manche sehen darin ein verkleinertes Abbild der Vorgänge, die das Antlitz des jungen Planeten Erde prägten. Von der Luft gekühlt, bildet sich an der Oberfläche eine elastische Schicht plastischen Gesteins, das von Strömungen darunter zerrissen und verformt wird, ähnlich wie die Platten der Erdkruste von unsichtbaren Kräften getrieben und gespalten werden. Hier sehen wir ähnliche Falten, Spalten und Risse wie die, die unsere Kontinente bewegen und unsere Städte mit Erdbeben erschüttern. Die Oberfläche eines aktiven Lavasees steigt und sinkt aufgrund leichter Druckänderungen in den Tiefen des Vulkans. Leider birgt die Schönheit eines Lavasees auch heimliche Gefahren. Die episodischen Feuerfontänen werden von einem gleichmäßigeren, weniger voluminösen Lavaausstrom abgelöst, der Jahre andauern kann. Langsam, über Wochen und Monate, bilden diese Ströme durch erkaltetes Gestein isolierte Tunnel, die die Lava weit von der Eruptionsstelle wegführen können.

UNTEN
1924 sahen Besucher des Kilauea eine gewaltige, aufgewühlte Asche- und Dampfwolke aus dem Krater aufsteigen, und sie konnten beobachten, wie Steine herausgeschleudert wurden, als Wasser in die Magmakammer eindrang. Eruptionen wie diese und eine weiter heftigere 1790, können zerstörerischer sein als die Explosivausbrüche eines Schichtvulkans.
FOTO: TAI SING LOO (BISHOP MUSEUM)

Die aus Lavaseen abfließende Lava nennt man Pahoehoe (sprich: Pahoihoi). Sie ist ganz anders als die Aa-Lava der Feuerfontänen. Pahoehoe-Ströme sind glatt und weich, weisen seilartige Muster auf (Stricklava) oder gleichen der faltigen Haut eines Elefanten. Die Pahoehoe-Ströme sind flüssiger als Aa-Ströme, die heißer und gas-

OBEN
Nach der explosiven Gipfeleruption von 1790 wurde ein gewaltiger Kessel mit flüssigem Gestein zu einem scheinbar dauerhaften Wahrzeichen des Kilaueagipfels. Aus aller Welt kamen Menschen zum Kilauea, um das feurige Wunder des Halemaumaukraters zu bestaunen. Über ein Jahrhundert blieb der See erhalten, bis dann kurz vor der explosiven Eruption 1924 die gesamte Lava in den Berg zurückfloß. Seither waren die meisten Eruptionen Spalteneruptionen entlang einer der Riftzonen des Vulkans.
FOTO: RAY JEROME BAKER (BISHOP MUSEUM)

haltiger sind. In Schlotnähe findet man die gashaltigste Lava. Dort sieht die Pahoehoe fast schaumig aus. Sie fließt in schnellen Flüssen ab, formt Katarakte und Wellen wie ein Bergbach. Wenn sich Pahoehoe abkühlt, bildet sie eine dünne ledrige Erstarrungshaut, die von der darunter fließenden Lava gedehnt und zusammengeschoben wird.

Wo die Lava mit Luft in Berührung kommt, kühlt sie schnell ab und beginnt zu erstarren. Von den Rändern her breitet sich eine dünne erstarrte Schicht nach innen hin aus, wie wenn ein Fluß von den Ufern her zufriert. Langsam schließt sich die Erstarrungsschicht, während im Inneren die schneller fließende Lava wie durch einen Tunnel weiterfließt. Daher bedeckt Pahoehoe weite Gebiete des Vulkans, während sich Aa eher um den Gipfel konzentriert. Das erstarrte Gestein über einem Lavatunnel gibt kaum Hinweise auf die glühende Fracht unter der Haut. Nur bläulichweiße Gaswolken, die hier und da wie rauchende Feuer aufsteigen, markieren den Weg. Dünne Stellen in der Tunneldecke brechen ein und gewähren einen Blick auf die rotglühenden Ströme im Tunnel. Am Tage bietet solch ein Guckloch Einblick in die geheime Innenwelt des Vulkans. Bei Nacht leuchtet das Fenster wie eine Boje, die von Schiffen weit draußen auf dem Meer zu sehen ist.

An den flachen unteren Hängen fließen die Lavaströme langsamer. Entlang einer breiten Stirnfront quillt rotglühende Lava aus Rissen in der Haut und bildet „Zehen". Aus Tunneln gespeiste Ergüsse bauen vor allem an der Küste den Vulkan weiter auf.

Nichts bleibt auf Dauer verschont. Kunst und Kunstwerke der Hawaiianer sind heute von vielen Lagen Basalt bedeckt, und auch Straßen und Städte in Vulkangebieten fallen immer wieder Lavaströmen zum Opfer.

Die ersten Lavaströme, die das Wasser erreichen, tropfen wie Wachs von einer roten Kerze über kahle Klippen ins Meer. Tropfen geschmolzenen Gesteins werden von ihrem Eigengewicht zu Bändern ausgezogen, ehe sie von den Brechern zerschlagen werden. Mit zunehmender Lavamenge verwandeln sich die Klippen in feurige Lavafälle, die schneller neues Land aufbauen, als es von der Macht des Meeres zerstört werden kann. Wo sich ein Lavastrom ins Meer ergießt, steigen dicke weiße Dampfwolken auf, deren inneres Leuchten von der Landbildung am Fuß der Wolke kündet. Wie heißes Glas, das man ins Wasser wirft, wird die meiste Lava von den Wellen zu schwarzem vulkanischem Sand zerschlagen. Wo alte Lavaströme Buchten umschließen, bildet der von Strömungen herangetragene Sand schwarze Strände. Andernorts entlang der Küste weisen oft nur Jahrzehnte überdauernde schwarze Sandstrände darauf hin, daß hier ältere Ströme das Meer erreicht haben. Auch hier bilden sich Lavatunnel, die sich trotz der tosenden Wellen unter Wasser weiter ins Meer vorschieben. Doch das Wasser schlägt immer wieder Löcher in die Tunneldecken, und sobald Wasser mit der glühenden Lava in Berührung kommt, steigen Dampfwolken aus dem Meer auf. Felsbrocken, Asche und glühende Lavafetzen werden durch die Gischt geschleudert und sammeln sich zu Küstenkegeln. Solange der Vulkan für Lavanachschub sorgt, wächst das Land. Wenn die Lavaströme aber nicht mehr weiterfließen, nagt das Meer an der neuen Küste. Das ist kein Kampf zwischen Feuer und Wasser. Eher sind es ein paar Schritte im langsamen Tanz der Schöpfung, der das Gleichgewicht der Natur auf einem Planeten erhält, auf dem nur der Wandel stetig ist.

UNTEN
Langsame Strömungen in einem aktiven Lavasee zerknittern und zerreißen seine Oberfläche, ähnlich wie es in weit größerem Maßstab mit den tektonischen Platten der Erdkruste geschieht. Die neue Kruste erscheint metallisch glänzend. Zerfranste rote Ränder entsprechen den ozeanischen Bruchzonen. Wo Krustenplatten aufeinanderstoßen, werden beide oder zumindest eine zurück in den darunterliegenden Mahlstrom gezogen.

GEGENÜBER
Manche Lavaseen sind so aktiv, daß sie wie ein brodelnder Feuerkessel erscheinen. Wenn sich eine Kruste bildet, wird sie sofort wieder zerstört. Gasblasen platzen, wenn sie an die Oberfläche gelangen, wühlen die Gesteinsschmelze auf, und die Umgebung des Kessels wird mit erkaltenden Gesteinssplittern übersät.

OBEN
Ein aktiver Lavasee hebt und senkt sich als Reaktion auf Druckveränderungen in der Tiefe des Vulkans. Wenn er sich senkt, glühen die Seitenwände des Sees kurz rot auf, ehe sie erkalten und dunkel werden.

OBEN
Entgasende Lava bildet eigenartige Kuppelgebilde, wenn sie sich aus einem aktiven Lavasee erhebt.

LINKS
Die felsige Oberfläche eines Lavasees wird von leichter, gasreicher Lava gebildet, die nach dem Erkalten spröde und zerbrechlich ist. Die Kruste eines Lavasees wird immer wieder geschluckt und eingeschmolzen.

LINKS
Wenn ein Lavasee aufgrund der Druckveränderungen in der Tiefe des Vulkans steigt, fließt gelegentlich Lava über die Uferdämme hinaus. Solch ein überfließender Lavastrom kann einen Tunnel bilden, in dessen Innerem die Lava weit den Vulkan hinabfließt. Wogende Lava, Katarakte und Lavafälle vermitteln den Eindruck eines rauschenden Glutbaches.

RECHTS

Aus Lavaseen fließt oft eine weiche, flüssige Lava ab, die unter dem hawaiischen Namen Pahoehoe bekannt ist. Sie unterscheidet sich in ihrer Beschaffenheit sehr von der scharfkantig-spröden Aa-Lava (Zackenlava).

RECHTS

Wenn die Oberfläche eines breiten Lavastroms zu festem Stein erkaltet, bleiben im Inneren Kanäle schneller fließender Lava erhalten. Ein über einen solchen Lavastrom hängender Zweig geht aufgrund der abgestrahlten Gluthitze in Flammen auf.

RECHTS

Das Grün der Bäume steht in scharfem Kontrast zum leuchtenden Rot eines Pahoehoe-Stroms, der eine schwarze Schneise in den Wald schneidet.

UNTEN
Wenn die Oberfläche eines Lavakanals erhärtet, entsteht eine dicke Gesteinsdecke, die die darunter strömende Lava vor Auskühlung schützt, so daß sie noch weit fließen kann, ohne zu erstarren.

LINKS
Aufgrund der großen Temperaturunterschiede zwischen flüssigem Gestein und Luft kann die Lava an der Luft nicht sehr weit fließen. Sie erstarrt bald zu festem Stein. Bei diesem Lavastrom erkennt man unterschiedliche Stadien der Tunnelbildung.

OBEN
Hier und da brechen Teile der Tunneldecke ein. Durch die Fenster kann man die glühenden Lavaflüsse beobachten.

GEGENÜBER
Fenster in erst kürzlich erstarrter Kruste zeigen, wie dünn die Kruste über dem glühenden Strom ist.

RECHTS
Die Innenwände eines Lavatunnels glühen in der Hitze rot. An der Decke bildet angeschmolzene Lava stalaktitenartige Zapfen.

RECHTS
Lavaströme umfließen große Baumstümpfe, die versteinern, ehe der Stamm im Innern verkohlt. Wenn die Lava abfließt, können die Säulen ein dickes Basaltdach tragen.

OBEN
Noch lange, nachdem der Lavastrom im Tunnel versiegt ist, läßt überhitztes Gas die Wände rot glühen. Austretende Schwefeldämpfe umrahmen die Fenster mit gelben Schwefelkristallen.

LINKS
In älteren Tunneln bilden sich große Lavastalaktiten aus Gestein, das von heißen Gasen von der Decke geschmolzen wird. Solch ein Tunnel kann jahrelang aktiv bleiben und weit entfernte Lavaströme an den Hängen des Vulkans speisen.

LINKS
Der Lavastrom im Tunnel schmilzt sich seinen Weg weiter in die Vulkanflanke und schneidet sich dabei manchmal in älteres Ergußgestein. Die Decke wird dünner. Durch den Tunnel rasende heiße Gase schmelzen das Tunnelgestein weiter ab und erweitern so den Kanal.

OBEN
Wie ein feuriges Schwert schlägt die Flut heißer Pahoehoe Schneisen in den Wald. Bäume und andere Pflanzen bilden in der feurigen Umklammerung Metangas, das mit purpurroter Flamme verbrennt.

LINKS
Manchmal schieben Pahoehoe-Ströme sich langsam durch den Wald, indem sie Zehen ausbilden. Ein zähflüssiger Lavazeh schiebt sich aus der erstarrten Haut und umgibt sich mit einer neuen Haut, aus der durch Risse wieder neue Zehen austreten. So entstehen oft Tausende aneinander- und übereinandergestapelter Gesteinszehen.

GEGENÜBER
Aa-Kanäle können von späteren Pahoehoeströmen vereinnahmt werden. Die aus einem Aa-Kanal brechenden Pahoehoeströme scheinen dann die Regel Lügen zu strafen, daß Aa sich niemals in Pahoehoe verwandelt

RECHTS
An der Oberfläche eines Schildvulkans erkaltende Lava weist immer eine von zwei Grundformen auf. Die ersten Eruptivprodukte erstarren meist zu Aa, die später von nachfolgenden heißeren Pahoehoeströmen überspült wird, wie hier zu sehen ist. Pahoehoe-Lava erstarrt zu strickartigen Gesteinsformen (Stricklava oder Seillava).

RECHTS
Manche Lavaformen scheinen ein Zwischenprodukt zwischen Aa und Pahoehoe darzustellen. Die Oberfläche ist brüchig, spröde und messerscharf.

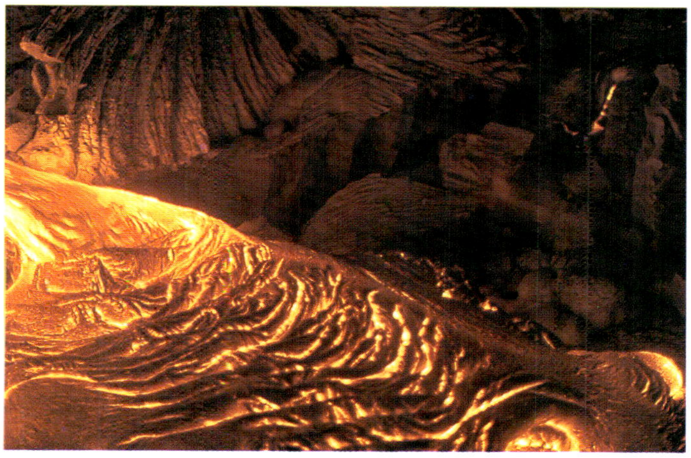

LINKS
Erkaltende Pahoehoe erstarrt in seilartigen Runzeln. Die im Innern noch vorhandene Hitze läßt das erstarrte Gestein rot- bis gelbglühend leuchten.

GEGENÜBER
Wenn die Lava das Meer erreicht, tropft sie wie zähe Bonbonmasse in die Brandung. Immer wieder werden die Bänder von den Wogen zerbrochen.

RECHTS
Zuerst geht das Aufeinandertreffen von Wasser und Lava ruhig vonstatten, da eine Wasserdampfschicht das übrige Wasser gegen die Hitze des Gesteins abschirmt. Doch mit der Ruhe ist es bald vorbei. Wenn mehr Lava nachströmt, kommt es zu explosiven Berührungen der Elemente Feuer und Wasser.

OBEN
Die meiste Lava, die das Meer erreicht, wird zu schwarzem Sand zermalmt. Strömungen tragen den Vulkansand in Buchten. So entstanden die berühmten schwarzen Strände Hawaiis. Große Wellen brechen manchmal größere Lavabrocken ab, die noch eine Weile dampfend und zischend in der Brandung glühen, bis sie erkaltend in die Tiefe gezogen werden.

RECHTS
Wenn die Lava das Meer schneller erreicht, als die Wellen sie wegtragen können, wächst neues Land ins Meer hinein.

RECHTS
Die ersten Lavaströme treffen als breite Front vieler kleiner Flüsse auf das Meer. Wo Wasser und Feuergestein sich berühren, steigen weiße Dampfwolken auf.

GEGENÜBER
Eine Salzsäurewolke erhebt sich dort aus den Fluten, wo sich ein großer Lavatunnel direkt ins Meer schiebt.

OBEN
Die Macht der Wellen offensichtlich mißachtend, bauen sich Tunnel durch die Brandung hindurch auf und ergießen ihren Inhalt auf die untermeerischen Hänge des Vulkans. Manchmal bricht die Brandung Löcher in die Tunneldecke. Wenn kaltes Meerwasser eindringt, explodiert das Gestein, und ein gewaltiges Feuerwerk sprüht aus der Gischt.

RECHTS
Brocken neuen Landes brechen in der Brandung ab und lassen einen bogenförmigen Lavastrahl aus einem freigelegten Tunnel austreten. Dampf und Asche werden explosionsartig ausgeschleudert, wenn Wasser in den Tunnel eindringt.

Kapitel 7

Mit Vulkanen leben

DOPPELSEITE 114/115
Die Errungenschaften der modernen Zivilisation sind machtlos dem Ansturm eines auf eine Stadt zufließenden Lavastroms ausgeliefert.

Kapitel 7

Mit Vulkanen leben

Wir sind uns der zerstörerischen Kraft der Vulkane wesentlich mehr bewußt als ihrer guten Seiten. Die Vernichtung von Saint-Pierre, der zerstörerische Ausbruch des Mount St. Helens und die Explosion von Krakatau machten in aller Welt Schlagzeilen. Gefahren der Schichtvulkane sind Glutwolken, heiße Schlammlawinen und gewaltige Mengen Asche, die alles unter sich begraben. Wer auf einem Schildvulkan lebt, muß damit rechnen, daß gelegentlich Lava durch die Straßen der Städte fließt, Häuser niederbrennt und alles auf ihrem Weg unter erstarrendem Stein begräbt. Der Vulkan nimmt keine Rücksicht auf menschlichen Besitz. Doch die kleinen Veränderungen, die stattfinden, wenn das Leben das Vulkanland zurückerobert, haben viel größere Auswirkungen.

Auf einem Schildvulkan beginnt das Leben Fuß zu fassen, wenn eine längere Eruption zu Ende geht. Lavaströme haben steinerne Schneisen durch den dichten Wald gezogen. Dazwischen liegen grüne Inseln, die die Hawaiianer Kipukas nennen. Das neue Land ist wüst und leer, doch bald schon wirken Sonne und Regen mit ihrem Zauber, und nach einigen Menschengenerationen ist das Land wieder von dichtem Wald bedeckt. Schon wenige Tage, nachdem die Lava erkaltet ist, beginnt sich das Leben von den Kipukas her auszubreiten. Die Pioniere auf dem kargen Stein haben es nicht leicht, doch mit der Zeit bildet sich eine dünne Humusschicht. Einige wenige Farne und Bäume können auf der neuen Lava wachsen. Ihre Fähigkeit, dort zu gedeihen, wo andere Pflanzen nicht überleben, eröffnet ihnen eine ökologische Nische in einem Land, wo alle paar tausend Jahre die Urkräfte des Planeten die Landschaft umformen. Mit der Ankunft der Polynesier begann der Mensch eine Rolle bei der Wiederbelebung des Landes zu spielen. Die Hawaiianer sahen sich als Hüter des Landes und beschleunigten seine Rückeroberung durch das Leben, die Vollendung des Kreislaufs von Zerstörung, Wachstum und Erneuerung. Über einen längeren Zeitraum bieten die Vulkaninselketten ihren Bewohnern einzigartige Herausforderungen. Eine Insel wächst, solange die Vulkanfeuer in ihrem Herzen weiter lodern und ein Gleichgewicht zur Kraft des Meeres bilden. Schließlich aber hört die Lava auf zu fließen. Die Wellen spülen immer mehr Land von der Küste ins Meer, die Insel wird kleiner und verschwindet schließlich im Meer, aus dem sie geboren wurde. Durch Tausende von Kilometern Meer von anderen Ländern getrennt, entsteht auf isolierten Inseln durchschnittlich alle hunderttausend Jahre eine neue Art. Selbst für solche Pflanzen und Tiere, die ihren Platz behaupten, gibt es Gefahren. Die Inseln der Hawaiikette bleiben nur jeweils etwa fünf Millionen Jahre über dem Meeresspiegel. In dieser Zeit muß einer Art der Sprung zur nächsten Insel gelingen, die sich aus dem Meer erhebt, sonst ist sie vom Aussterben bedroht. Daher findet man auf Hawaii Pflanzen und Tiere, die mit den Feuern des Vulkans leben und schnell auf einer neuen Insel Fuß fassen können.

OBEN
Wer auf einem aktiven Vulkan lebt, muß damit rechnen, daß ein Lavastrom gelegentlich eine Straße überquert. Beißende Dämpfe steigen auf, wo die Hitze der Lava den Asphalt zum Brennen bringt.

Die Neubesiedlung von Schichtvulkanen erfolgt langsamer, da die Zerstörung bei einem Explosivausbruch umfassender ist und keine Kipukas erhalten bleiben, von denen aus das Leben den Vulkan zurückerobern kann. Wasser versickert zudem schnell in der porösen Asche des Schichtvulkans. Doch schließlich kehrt auch hier das Leben zurück.

Der wachsenden Weltbevölkerung bringen Vulkane auch Segen. Die fruchtbare Vulkanerde nährt eine Fülle von Pflanzen und Tieren. An den Hängen der Vulkane wachsen wertvolle Nahrungsmittel, manche sogar ausschließlich dort. Auch Edelmetalle wie Gold, Silber und Platin reichern sich durch vulkanische Prozesse an. Vulkaninseln sind die Heimat ganzer Nationen wie der Japaner oder Indonesier. Auch die Luft, die wir atmen, und das Wasser, das unsere Meere füllt, geht letztlich auf vulkanische Aktivität zurück. Gelegentlich fordern die Vulkane Opfer. Der Preis ist hoch, doch die Vorteile des Vulkanismus überwiegen. Vulkane machen unsere Erde zu einem blauen Planeten, zu einem Edelstein im All.

RECHTS
Seit Jahrhunderten siedeln die Hawaiianer an der zerklüfteten vulkanischen Küste. Immer wieder wurden Dörfer und Kultstätten von Lava eingeschlossen und mit der Zeit von Wald überwachsen. Wie dauerhaft Bauten aus Stein sind, erkennt man an diesem alten hawaiischen Tempel (Heiau), dessen Mauern noch erhalten sind, obwohl das ganze Land von kilometerlangen und -breiten Lavaströmen überschwemmt wurde.

OBEN
Seidige orangerote Flammen und dichter schwarzer Rauch steigen zwischen sich immer weiter über eine Straße schiebenden Lavazehen auf.

GEGENÜBER
Kein Gebäude ist gegen die zerstörerische Macht eines Vulkans gefeit.

RECHTS
Moderne Wohnhäuser unterliegen den vulkanischen Kräften, die das Land gestalten, genauso wie Holzhäuser. Sie gingen beim Ausbruch des Kilauea 1990 aufgrund der gewaltigen abgestrahlten Hitze in Flammen auf, noch ehe die Lava ihre Fundamente erreichte.

OBEN
Was nicht verbrennt, erstarrt im erkaltenden Gestein.

OBEN
Auch die technischen Errungenschaften unserer Zeit werden in den Aufbau des Schildvulkans mit einbezogen.

OBEN
Auch Städte im weiteren Umkreis eines Stratovulkans können von Schlammfluten überschwemmt werden, wenn sich, oft Jahre nach einem größeren Ausbruch, Schlammlawinen (Lahars) vom Vulkankegel lösen. Dieser Lahar vom japanischen Vulkan Unzen zerstörte am 29. April 1993 fast 500 Häuser.
FOTO: OSAMU OSHIMA

LINKS
Die Hänge des Unzen herabdonnernde Felsbrocken zerstörten Häuser und andere Werke des Menschen. Der fruchtbare Boden, den eine Schlammlawine mitbringt, läßt viele Menschen die Gefahr vergessen, die ständig vom Berg her droht.
FOTO: OSAMU OSHIMA

LINKS
Große, aber leichte Bimsbrocken schwimmen auf dem Schlammstrom, bis sie an einem Hindernis zum Stillstand kommen.
FOTO: OSAMU OSHIMA

LINKS
Auf Stratovulkanen dauert es etwas länger, bis sich die Natur erholt hat, aber schließlich dringt auch hier von den Rändern her das Leben in die kahle Landschaft vor. Die Narben der Eruption verheilen, wenn die Pflanzen auf der fruchtbaren Vulkanerde Fuß fassen und üppig gedeihen. FOTO: ROGER WERTH

OBEN
Leben und Tod auf dem Vulkan: Während ein Teil der Landschaft von Feuerströmen versengt wird, verwittern ältere Lavaströme zu fruchtbarer Vulkanerde. In einem sich in Jahrhunderten oder Jahrtausenden wiederholenden Kreislauf erneuern sich schließlich Flora, Fauna und Landschaft des Vulkans vollständig.

UNTEN
Lavaströme unterschiedlichen Alters bedecken das Land. Alte und neue Ströme liegen dicht beieinander. Alte Schlote werden schließlich umschlossen, wenn das austretende flüssige Gestein die Landschaft eines Schildvulkans wie des Kilauea auf Hawaii etwa alle tausend Jahre neu gestaltet.

RECHTS
Ein großer Lavastrom kühlt sich ab. Grüne Inseln (Kipukas), die scheinbar wundersam von den feurigen Fluten unberührt blieben, sind Ausgangspunkte für die Zurückeroberung der Landschaft durch Pflanzen und Tiere. Nach einiger Zeit bedeckt wieder dichter Wald den Vulkan, wo sich jetzt kahler schwarzer Basalt befindet. Ein Kreislauf des Werdens und Vergehens hat sich geschlossen.

Glossar

Aa Hawaiisch für Lava mit rauher, in Zacken verschiedenster Größe (Zackenlava) aufgelöster Oberfläche. Aa-Lavaströme sind meist ungleichmäßig dick und haben steile Ränder.

Andesite Nach den südamerikanischen Anden benannte Ergußgesteine, die aus intermediären (andesitischen) Laven entstehen. Sie enthalten 52–65 % Kieselsäure und weniger Eisen, dafür einen höheren Anteil an Alkalimetalloxiden als basaltische Lava. Die zähe andesitische Lava ist typisch für Schichtvulkane.

Asche Staubartige bis feinkörnige vulkanische Auswurfsmassen aus zerspratztem Magma, zerriebenem Gesteinsmaterial oder einem Gemisch von beiden.

Asthenosphäre Zone im oberen Erdmantel, direkt unter der Lithosphäre. Die Asthenosphäre verhält sich wie eine zähe Flüssigkeit, und langsame Strömungen liefern die Kräfte, die Berge erheben und die Kontinente verschieben.

Basalt Dunkelgraues bis schwarzes eisenreiches Ergußgestein aus basaltischer (basischer) Lava. Basalt entsteht am Grund der Meere und auf Schildvulkanen.

Bims(stein) Helles, schaumiges vulkanisches Gestein, porös (aus gasreichem Magma entstanden) und daher so leicht, daß es in Wasser schwimmt. Ein typisches Schichtvulkanprodukt.

Caldera Kesselartige Vertiefung von oft riesigen Ausmaßen an Vulkanen. Man unterscheidet Einsturz- oder Einbruchscalderen und (in geringerem Maße auftretende) Explosionscalderen. Siehe auch Krater.

Diapir Kaulquappenförmig, durch dichteres, verformbares Gestein aufsteigendes Magma.

Erdbeben Aus dem Erdinnern kommende, oft heftige Erschütterungen der Erdoberfläche. Sie stehen meist in Zusammenhang mit tektonischen Vorgängen der Lithosphäre (tektonische Beben). Vulkanische Beben können z. B. durch Deckeneinstürze, durch Veränderungen der Magmafüllung in Magmakammern oder in der Tiefe steckengebliebene Eruptionsversuche des Magmas erfolgen.

Erdkruste Die dünne äußerste Schicht der Erdschale.

Erdmantel Die 2 900 km dicke Gesteinsschicht zwischen Erdkern und Erdkruste.

Eruption Vulkanausbruch.

Eruptionsspalte Durch aufsteigendes Magma verursachter Riß im Vulkan, der als Eruptionskanal dient.

Feuergardine Wandartiger Zusammenschluß von Lavafontänen aus einer Spalteneruption gasreicher Lava.

Gemischte Vulkane Siehe Schichtvulkane.

Hot Spot Durch starke Temperaturerhöhung erzeugte, über 10 Mio. Jahre und länger bestehenbleibende örtliche Aufschmelzungszone im Erdmantel unterhalb der Lithosphäre (Durchmesser: einige 100 km). Hot Spots machen sich oberirdisch durch starken Vulkanismus bemerkbar. Da hot Spots ortsstabil sind, die darüber liegenden Lithosphärenplatten sich aber bewegen, entstehen immer wieder an neuen Stellen der Platten Vulkane, so daß sich Ketten von Vulkanen abgestuften Alters ergeben.

Kipuka Hawaiisch für eine Waldinsel, die bei einem Vulkanausbruch bestehen bleibt und als Ausgangspunkt für die Rückeroberung des Landes durch Pflanzen und Tiere dient.

Kissenlava Bei untermeerischen Eruptionen in kaltes Meerwasser austretende basische Lava bildet typische Kissenformen von bis etwa 1 m Durchmesser.

Kontinent Über dem Meer liegender Erdteil und untermeerischer Kontinentalschelf (Festlandsscholle). Kontinente sind früh in der Erdgeschichte entstanden, und hier findet sich älteres Gestein als auf dem Meeresboden.

Krater Bezeichnung für den obersten trichter- oder kesselförmigen Teil eines vulkanischen Förderkanals. Austrittsstelle für vulkanische Eruptionen. Zentralkrater liegen direkt über dem Hauptförderkanal. Seitwärts am Hang auf Nebenspalten auftretende kleinere Krater nennt man Adventiv-, Lateral-, Parasitär- oder Nebenkrater, auch Schmarotzerkegel. Nach ihrer Entstehung unterscheidet man Explosionskrater und Einsturzkrater. Letztere sind durch Einsturz bzw. Nachsinken über entleerten Vulkanherden (Magmakammern) entstanden.

Lahar Durch starke Regenfälle oder während derselben auch längere Zeit nach einem Vulkanausbruch entstehender Schlammstrom. Häufig bei Ausbrüchen gletscherbedeckter Schichtvulkane.

Lava Bezeichnung für das Magma, sobald es aus der Erde austritt.

Lavasee Eine in einem Krater aufgrund von Gasfreisetzung und Strömungen in ständig brodelnder Bewegung befindliche Gesteinsschmelzmasse, die gelegentlich auch überfließt.

Lavatunnel Aus erstarrter Lava gebildete Röhre, in derem Inneren Lava, von der Luft abgeschlossen, oft über große Strecken weiterströmt.

Lithosphäre Feste äußere Erdschale, etwa 100 km dick.

Magma Masse teilweise oder ganz geschmolzener Gesteine mit gelösten Gasen unterhalb der Erdoberfläche.

Magmakammer (Magmenkammer) Vulkanherd, unterirdisches Magmareservoir.

Meteor Gesteinsbrocken oder Materiebruchstück eines Kometen (staubkorngroß bis Tausende Kilogramm schwer), das aus dem All kommend in die Erdatmosphäre eindringt, sich dabei bis zum Glühen erhitzt und so als Sternschnuppe sichtbar wird, oder, statt zu verdampfen, mit donnerähnlichem Schall als Meteorit auf die Erde fällt. Einschlagende Meteoriten hinterlassen Meteor(iten)krater.

Nuées ardentes Glutwolke. Bei Explosiveruptionen ausgestoßene Aschen- und Staubfragmente in einer Gaswolke mit absolut zerstörerischer Wirkung.

Pahoehoe (Aussprache: Pahoihoi) Hawaiisch für Strick- oder Seillava, Fladenlava. Gasarme Lava, die beim Erstarren glatte Strick oder Fladenformen bildet.

Plattentektonik Eine Theorie der globalen Tektonik, die davon ausgeht, das die Lithosphäre (Erdkruste und obere Mantelteile) aus verschiedenen Platten besteht. Verschiebungen der Platten gegeneinander, das Abtauchen einer der Platten beim Zusammenprall oder deren Auseinanderweichen an den mittelozeanischen Rücken führen zu Vulkanismus und tektonischen Beben.

Schichtvulkan (Stratovulkan, gemischter Vulkan). Steiler, kegelförmiger Vulkan aus abwechselnden Schichten von Asche und Lava aufgebaut. Meist sehr explosiv.

Schildvulkan Niedriger, flacher, schildförmiger Vulkan, bei dem aus Eruptionsstellen im Scheitelgebiet immer wieder Lava abgegeben wird, die dann außen am Schild herabströmt. Schildvulkane sind (meist) reine Lavavulkane ohne Ascheförderung. Auf der Erde findet man den (kleineren) isländischen Typ und den (riesigen) Hawaiityp. Schildvulkane gibt es auch auf anderen Planeten.

Schlacke Rauhes, rissiges bis zackiges vulkanisches Auswurfsprodukt oder Teil eines Lavastromes von stark poröser bis blasiger Beschaffenheit.

Schlot Aufstiegskanal vulkanischer Produkte in Vulkanbauten.

Stratovulkan Siehe Schichtvulkan.

Tsunami (japanisch: große Woge) Durch seismische Veränderungen (z.B. Seebeben, Vulkanexplosionen) hervorgerufene gewaltige Flutwelle.

Register